チャート式®

中学 数学

総仕上げ

数研出版
https://www.chart.co.jp

本書の特長と使い方

本書は，中学３年間の総復習と高校入試対策が１冊でできる問題集です。「復習編」と「入試対策編」の２編構成となっており，入試に向けて段階的に力をつけることができます。

1 復習編 Check! → Try! の２ステップで，中学３年間の総復習をしましょう。

Check!
単元の要点を確認する基本問題です。

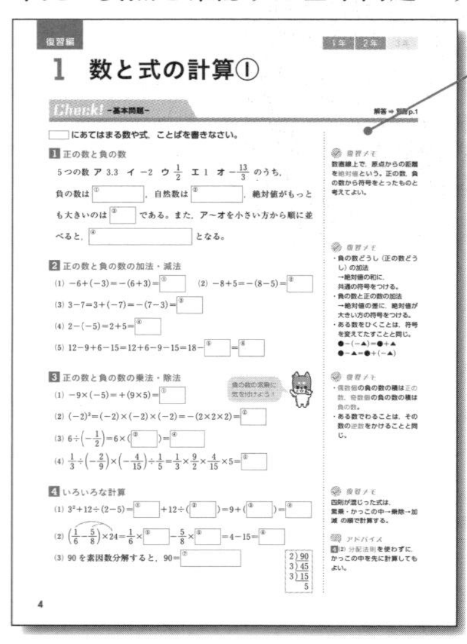
復習編　1年　2年　3年

1　数と式の計算①

Check! −基本問題−　解答 ⇒ 別冊 p.1

□ にあてはまる数や式，ことばを書きなさい。

1 正の数と負の数
５つの数 ア 3.3　イ −2　ウ $\frac{1}{2}$　エ 1　オ $-\frac{13}{3}$ のうち，
負の数は ①□，自然数は ②□，絶対値がもっとも大きいのは ③□ である。また，ア〜オを小さい方から順に並べると，④□ となる。

2 正の数と負の数の加法・減法
(1) $-6+(-3)=-(6+3)=$ ①□　(2) $-8+5=-(8-5)=$ ②□
(3) $3-7=3+(-7)=-(7-3)=$ ③□
(4) $2-(-5)=2+5=$ ④□
(5) $12-9+6-15=12+6-9-15=18-$ ⑤□ $=$ ⑥□

3 正の数と負の数の乗法・除法
(1) $-9\times(-5)=+(9\times5)=$ ①□
(2) $(-2)^3=(-2)\times(-2)\times(-2)=-(2\times2\times2)=$ ②□
(3) $6\div\left(-\frac{1}{2}\right)=6\times($ ③□ $)=$ ④□
(4) $\frac{1}{3}\div\left(-\frac{2}{9}\right)\times\left(-\frac{4}{15}\right)\div\frac{1}{5}=\frac{1}{3}\times\frac{9}{2}\times\frac{4}{15}\times5=$ ⑤□

4 いろいろな計算
(1) $3^2+12\div(2-5)=$ ①□ $+12\div($ ②□ $)=9+($ ③□ $)=$ ④□
(2) $\left(\frac{1}{6}-\frac{5}{8}\right)\times24=\frac{1}{6}\times$ ⑤□ $-\frac{5}{8}\times$ ⑥□ $=4-15=$ ⑥□
(3) 90 を素因数分解すると，90= ⑦□

2) 90
3) 45
3) 15
　 5

復習メモ
数直線上で，原点からの距離を絶対値という。正の数，負の数から符号をとったものと考えてよい。

復習メモ
・負の数どうし（正の数どうし）の加法
→絶対値の和に，共通の符号をつける。
・負の数と正の数の加法
→絶対値の差に，絶対値が大きい方の符号をつける。
・ある数をひくことは，符号を変えてたすことと同じ。
●−(−▲)=●+▲
●−▲=●+(−▲)

復習メモ
・偶数個の負の数の積は正の数，奇数個の負の数の積は負の数。
・ある数でわることは，その数の逆数をかけることと同じ。

復習メモ
四則が混じった式は，累乗・かっこの中→乗除→加減 の順で計算する。

アドバイス
4(2) 分配法則を使わずに，かっこの中を先に計算してもよい。

4

側注のアイコン

復習メモ
特に重要度の高い復習事項です。

アドバイス
問題を解くヒントや別解の紹介です。

Try!
基礎知識を応用して解く問題です。

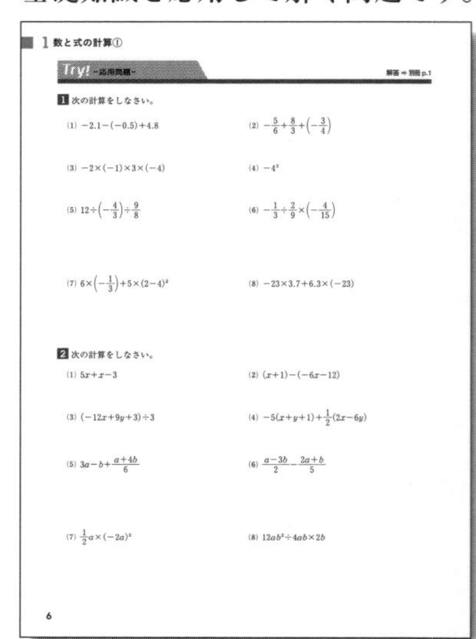
1 数と式の計算①

Try! −応用問題−　解答 ⇒ 別冊 p.1

1 次の計算をしなさい。
(1) $-2.1-(-0.5)+4.8$　(2) $-\frac{5}{6}+\frac{8}{3}+\left(-\frac{3}{4}\right)$
(3) $-2\times(-1)\times3\times(-4)$　(4) -4^3
(5) $12\div\left(-\frac{4}{3}\right)\div\frac{9}{8}$　(6) $-\frac{1}{3}\div\frac{2}{9}\times\left(-\frac{4}{15}\right)$
(7) $6\times\left(-\frac{1}{3}\right)+5\times(2-4)^2$　(8) $-23\times3.7+6.3\times(-23)$

2 次の計算をしなさい。
(1) $5x+x-3$　(2) $(x+1)-(-6x-12)$
(3) $(-12x+9y+3)\div3$　(4) $-5(x+y+1)+\frac{1}{2}(2x-6y)$
(5) $3a-b+\frac{a+4b}{6}$　(6) $\frac{a-3b}{2}-\frac{2a+b}{5}$
(7) $\frac{1}{2}a\times(-2a)^2$　(8) $12ab^2\div4ab\times2b$

6

2 入試対策編

入試で必ず問われるテーマを取り上げています。入試に向けて実戦力を強化しましょう。

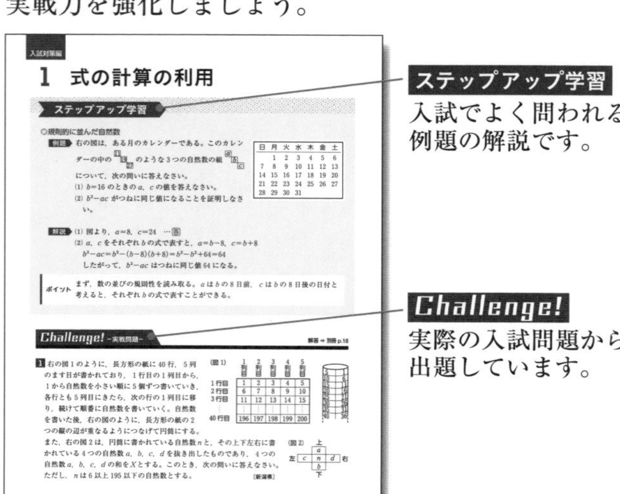
入試対策編

1　式の計算の利用

ステップアップ学習

◎規則的に並んだ自然数

例題　右の図は，ある月のカレンダーである。このカレンダーの中の 11, 19, 27 のような３つの自然数の組 a, b, c について，次の問いに答えなさい。
(1) $b=16$ のときの a，c の値を答えなさい。
(2) b^2-ac がつねに同じ値になることを証明しなさい。

日	月	火	水	木	金	土
	1	2	3	4	5	6
7	8	9	10	11	12	13
14	15	16	17	18	19	20
21	22	23	24	25	26	27
28	29	30	31			

解説　(1) 図より，$a=8$，$c=24$　…答
(2) a，c をそれぞれ b の式で表すと，$a=b-8$，$c=b+8$
$b^2-ac=b^2-(b-8)(b+8)=b^2-b^2+64=64$
したがって，b^2-ac はつねに同じ値 64 になる。

ポイント　まず，数の並びの規則性を読み取る。a は b の８日前，c は b の８日後の日付と考えると，それぞれ b の式で表すことができる。

Challenge! −実戦問題−　解答 ⇒ 別冊 p.18

1 右の図１のように，長方形の紙に 40 行，５列のます目が書かれており，１行目の１列目から，１から自然数を小さい順に５個ずつ書いていき，各行とも５列目にきたら，次の行の１列目に移り，続けて順番に自然数を書いていく。自然数を書いた後，右の図のように，長方形の紙の２つの縦の辺が重なるようにつなげて円筒にする。
また，右の図２は，円筒に書かれている自然数 n と，その上下左右に書かれている４つの自然数 a，b，c，d を抜き出したものであり，４つの自然数 a，b，c，d の和を X とする。このとき，次の問いに答えなさい。ただし，n は６以上 195 以下の自然数とする。〔新潟県〕

（図１）

	1列目	2列目	3列目	4列目	5列目
1行目	1	2	3	4	5
2行目	6	7	8	9	10
3行目	11	12	13	14	15
⋮	⋮	⋮	⋮	⋮	⋮
40行目	196	197	198	199	200

（図２）

64

ステップアップ学習
入試でよく問われる例題の解説です。

Challenge!
実際の入試問題から出題しています。

3 総合テスト

巻末の４ページはテストになっています。入試本番前の力試しをしましょう。

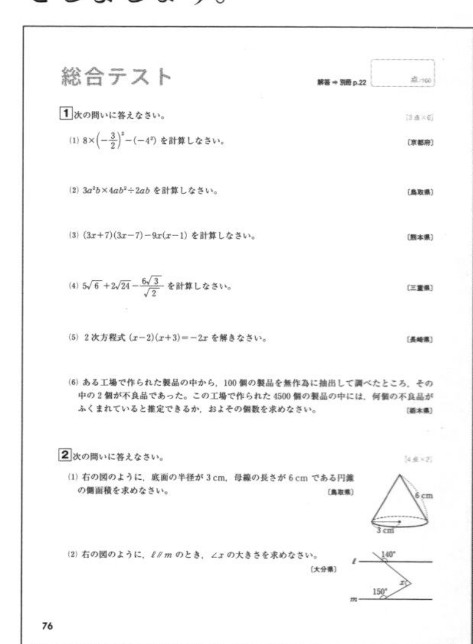
総合テスト　解答 ⇒ 別冊 p.22　点/100

1 次の問いに答えなさい。〔3点×6〕
(1) $8\times\left(-\frac{3}{2}\right)^2-(-4^2)$ を計算しなさい。〔京都府〕
(2) $3a^2b\times4ab^2\div2ab$ を計算しなさい。〔鳥取県〕
(3) $(3x+7)(3x-7)-9x(x-1)$ を計算しなさい。〔熊本県〕
(4) $5\sqrt{6}+2\sqrt{24}-\frac{6\sqrt{3}}{\sqrt{2}}$ を計算しなさい。〔三重県〕
(5) ２次方程式 $(x-2)(x+3)=-2x$ を解きなさい。〔長崎県〕
(6) ある工場で作られた製品の中から，100 個の製品を無作為に抽出して調べたところ，その中の２個が不良品であった。この工場で作られた 4500 個の製品の中には，何個の不良品がふくまれていると推定できるか，およその個数を求めなさい。〔栃木県〕

2 次の問いに答えなさい。〔4点×2〕
(1) 右の図のように，底面の半径が 3 cm，母線の長さが 6 cm である円錐の側面積を求めなさい。〔鳥取県〕

(2) 右の図のように，$\ell /\!/ m$ のとき，$\angle x$ の大きさを求めなさい。〔大分県〕

76

もくじ

復習編

入試対策編

一緒に
がんばろう！

数研出版公式キャラクター
数犬チャ太郎

1　数と式の計算①

Check! －基本問題－

解答 ➡ 別冊 p.1

□ にあてはまる数や式，ことばを書きなさい。

1 正の数と負の数

5つの数 **ア** 3.3　**イ** -2　**ウ** $\frac{1}{2}$　**エ** 1　**オ** $-\frac{13}{3}$ のうち，

負の数は [①]，自然数は [②]，絶対値がもっとも大きいのは [③] である。また，**ア**～**オ**を小さい方から順に並べると，[④] となる。

2 正の数と負の数の加法・減法

(1) $-6+(-3)=-(6+3)=$ [①]　(2) $-8+5=-(8-5)=$ [②]

(3) $3-7=3+(-7)=-(7-3)=$ [③]

(4) $2-(-5)=2+5=$ [④]

(5) $12-9+6-15=12+6-9-15=18-$ [⑤] $=$ [⑥]

3 正の数と負の数の乗法・除法

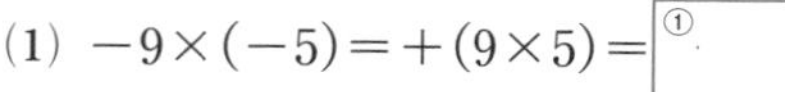

(1) $-9\times(-5)=+(9\times5)=$ [①]

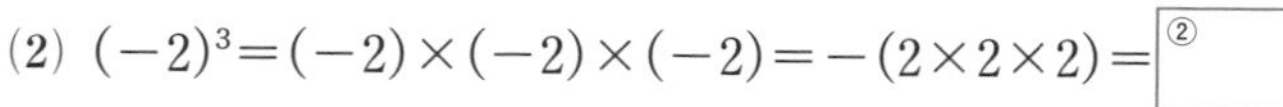

(2) $(-2)^3=(-2)\times(-2)\times(-2)=-(2\times2\times2)=$ [②]

(3) $6\div\left(-\frac{1}{2}\right)=6\times($ [③] $)=$ [④]

(4) $\frac{1}{3}\div\left(-\frac{2}{9}\right)\times\left(-\frac{4}{15}\right)\div\frac{1}{5}=\frac{1}{3}\times\frac{9}{2}\times\frac{4}{15}\times5=$ [⑤]

4 いろいろな計算

(1) $3^2+12\div(2-5)=$ [①] $+12\div($ [②] $)=9+($ [③] $)=$ [④]

(2) $\left(\frac{1}{6}-\frac{5}{8}\right)\times24=\frac{1}{6}\times$ [⑤] $-\frac{5}{8}\times$ [⑤] $=4-15=$ [⑥]

(3) 90 を素因数分解すると，90＝ [⑦]

$$\begin{array}{r} 2\,\underline{)\,90} \\ 3\,\underline{)\,45} \\ 3\,\underline{)\,15} \\ 5 \end{array}$$

復習メモ

数直線上で，原点からの距離を絶対値という。正の数，負の数から符号をとったものと考えてよい。

復習メモ

・負の数どうし（正の数どうし）の加法
　→絶対値の和に，共通の符号をつける。
・負の数と正の数の加法
　→絶対値の差に，絶対値が大きい方の符号をつける。
・ある数をひくことは，符号を変えてたすことと同じ。
　●－(－▲)＝●＋▲
　●－▲＝●＋(－▲)

復習メモ

・偶数個の負の数の積は正の数，奇数個の負の数の積は負の数。
・ある数でわることは，その数の逆数をかけることと同じ。

復習メモ

四則が混じった式は，累乗・かっこの中→乗除→加減 の順で計算する。

アドバイス

4(2) 分配法則を使わずに，かっこの中を先に計算してもよい。

5 文字式の表し方

文字式の表し方にしたがって表しなさい。

(1) $y\times5\times y=$ ①［　］　　(2) $a\times7\div b=$ ②［　］

6 単項式と多項式

(1) 単項式 $7xy$ の次数は ①［　］である。

(2) 多項式 $9a^3+b^2-1$ の項は ②［　］，次数は ③［　］である。

7 文字式の計算

(1) $a-6a=(1-6)a=$ ①［　］

(2) $(-3a-b)-(-5a+3b)=-3a-b+5a-$ ②［　］

$=(-3+5)a+(-1-3)b=$ ③［　］

(3) $(-9x+6y)\div3=(-9x+6y)\times$ ④［　］$=$ ⑤［　］

(4) $\dfrac{5x-3y}{2}-\dfrac{x+y}{3}=\dfrac{3(5x-3y)}{⑥［　］}-\dfrac{2(x+y)}{⑦［　］}$

$=\dfrac{3(5x-3y)-2(x+y)}{6}=\dfrac{15x-9y-2x-2y}{6}=$ ⑧［　］

(5) $6xy^2\div4y\times(-2y)=6xy^2\times$ ⑨［　］$\times(-2y)$

$=\dfrac{6\times(-2)\times x\times y\times y\times y}{4\times y}=$ ⑩［　］

8 式の値

$a=2$，$b=-5$ のとき，次の式の値を求めなさい。

(1) $3a-8=3\times$ ①［　］$-8=$ ②［　］

(2) $a^2b=2\times$ ③［　］$\times($ ④［　］$)=$ ⑤［　］

9 等式の変形

問　$y=\dfrac{1}{2}x-3$ を x について解きなさい。

解答 両辺を入れかえると，①［　］

-3 を移項すると，②［　］

両辺に ③［　］をかけると，$x=2y+6$　…答

復習メモ

積の表し方
- ×ははぶく
- 数は文字の前に
- 同じ文字の積は指数を使う

復習メモ

- 単項式の次数…かけ合わされている文字の個数。
- 多項式の次数…各項の次数のうち，もっとも大きいもの。

復習メモ

多項式の加法・減法

❶ かっこをはずす。
　$-(\ \ )$ の場合，符号を変えてはずす。

❷ 同類項をまとめる。
　係数の和や差を考えて，文字をつけたす。

アドバイス

7(4) $\dfrac{1}{2}(5x-3y)-\dfrac{1}{3}(x+y)$

と変形して計算してもよい。

アドバイス

7(5) 除法を乗法になおすときは，単項式の逆数に注意する。

$6xy^2\div4y=6xy^2\times\dfrac{1}{4}y$ （×）

復習メモ

〈等式の性質〉

$A=B$ ならば，

$A+C=B+C$

$A-C=B-C$

$A\times C=B\times C$

$\dfrac{A}{C}=\dfrac{B}{C}$ $(C\neq0)$

Try! －応用問題－

解答 ➡ 別冊 p.1

1 次の計算をしなさい。

(1) $-2.1-(-0.5)+4.8$

(2) $-\frac{5}{6}+\frac{8}{3}+\left(-\frac{3}{4}\right)$

(3) $-2\times(-1)\times3\times(-4)$

(4) -4^3

(5) $12\div\left(-\frac{4}{3}\right)\div\frac{9}{8}$

(6) $-\frac{1}{3}\div\frac{2}{9}\times\left(-\frac{4}{15}\right)$

(7) $6\times\left(-\frac{1}{3}\right)+5\times(2-4)^2$

(8) $-23\times3.7+6.3\times(-23)$

2 次の計算をしなさい。

(1) $5x+x-3$

(2) $(x+1)-(-6x-12)$

(3) $(-12x+9y+3)\div3$

(4) $-5(x+y+1)+\frac{1}{2}(2x-6y)$

(5) $3a-b+\frac{a+4b}{6}$

(6) $\frac{a-3b}{2}-\frac{2a+b}{5}$

(7) $\frac{1}{2}a\times(-2a)^2$

(8) $12ab^2\div4ab\times2b$

3 $x=-\frac{3}{5}$, $y=\frac{1}{2}$ のとき，次の式の値を求めなさい。

(1) $8(-2x+y)-(4x+2y)$

(2) $(-2xy)^2\times5y\div(-2xy^2)$

4 次の等式を〔　〕内の文字について解きなさい。

(1) $2x-3y=12$〔x〕

(2) $S=\frac{1}{2}\ell r$〔r〕

5 次の問いに答えなさい。

(1) 2100 を素因数分解しなさい。

(2) 2100 にできるだけ小さな自然数をかけてある自然数の平方にするには，どのような自然数をかければよいか求めなさい。

6 次の表は，7人の生徒A～Gそれぞれの身長とCの身長とのちがいを表したものである。このとき，下の問いに答えなさい。

生徒	A	B	C	D	E	F	G
ちがい (cm)	−7	+2	0	−3	−5	+9	+11

(1) AとFの身長の差を求めなさい。

(2) 7人の身長の平均が 166 cm であるとき，Eの身長を求めなさい。

7 次の(1)，(2)を，文字を使って説明しなさい。

(1) 2つの偶数の積は偶数である。

(2) 5でわると1余る数と5でわると4余る数の和は，5の倍数である。

2　数と式の計算②

Check! −基本問題−

解答 ➡ 別冊 p.2

□にあてはまる数や式，ことばを書きなさい。

1 多項式の計算

(1) $-a(2a+b)=-a\times2a+(-a)\times b=$ ①□

(2) $(8ab-4b)\div2b=(8ab-4b)\times\frac{1}{2b}=$ ②□

(3) $(x+3)(x+5)=x^2+(3+5)x+3\times5=$ ③□

(4) $(x+1)^2=x^2+2\times1\times x+1^2=$ ④□

(5) $(x-3)^2=x^2-2\times3\times x+(-3)^2=$ ⑤□

(6) $(x+7)(x-7)=x^2-7^2=$ ⑥□

2 因数分解

次の式を因数分解しなさい。

(1) $2x^2-6x=2x\times x-2x\times3=$ ①□

(2) x^2+x-6

$=x^2+($ ②□ $-2)x+$ ②□ $\times(-2)=$ ③□

(3) $x^2+6x+9=x^2+2\times$ ④□ $\times x+$ ④□ $^2=$ ⑤□

(4) $x^2-4x+4=x^2-2\times2\times x+(-2)^2=$ ⑥□

(5) $x^2-25=x^2-5^2=$ ⑦□

3 式の計算の利用

問　103^2 をくふうして計算しなさい。

解答　$103^2=(100+$ ①□ $)^2=100^2+2\times$ ①□ $\times100+$ ①□ ^{2}

$10000+600+9=$ ②□　…答

4 平方根

(1) 次の**ア**～**エ**のうち，正しいのは ①□ である。

ア　-8 は 64 の平方根である。　**イ**　$(\sqrt{7})^2$ は 49 である。

ウ　$\sqrt{(-5)^2}$ は -5 である。　**エ**　$\sqrt{9}$ は ±3 である。

復習メモ
展開の公式
$(x+a)(x+b)=x^2+(a+b)x+ab$
$(x+a)^2=x^2+2ax+a^2$
$(x-a)^2=x^2-2ax+a^2$
$(x+a)(x-a)=x^2-a^2$

復習メモ
多項式をいくつかの因数の積の形に表すことを，因数分解するという。因数分解は展開の逆の計算である。

アドバイス
2(1) 共通因数 $2x$ を，分配法則を使ってかっこの外にくくり出す。

アドバイス
3 展開の公式が利用できる。
$(x+a)^2=x^2+2ax+a^2$

復習メモ
$a>0$ のとき，
・a の平方根は $\pm\sqrt{a}$
・$(\sqrt{a})^2=(-\sqrt{a})^2=a$
・$\sqrt{a^2}=\sqrt{(-a)^2}=a$

復習メモ
$a,\ b>0$ のとき，
・$a<b$ ならば，$\sqrt{a}<\sqrt{b}$
・$\sqrt{a}<\sqrt{b}$ ならば，$a<b$

(2) 整数だけを用いた分数の形で表される数を ② [　　　]，表せない数を ③ [　　　] という。

（例）$\sqrt{\dfrac{25}{4}}=\dfrac{5}{2}$ より，$\sqrt{\dfrac{25}{4}}$ は ④ [　　　] である。

5 根号をふくむ式の乗法・除法

5 $\sqrt{\ }$ の中の数を素因数分解するよ。

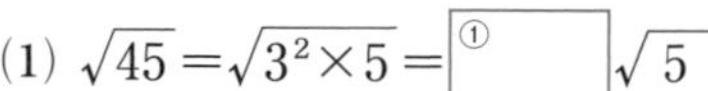

(1) $\sqrt{45}=\sqrt{3^2\times5}=$ ① [　　　] $\sqrt{5}$

(2) $\sqrt{27}\times\sqrt{8}=\sqrt{3^2\times3}\times\sqrt{2^2\times2}$

$=$ ② [　　　] $\sqrt{3}\times$ ③ [　　　] $\sqrt{2}=6\times\sqrt{3\times2}=$ ④ [　　　]

(3) $\sqrt{8}\div\sqrt{81}=\sqrt{\dfrac{8}{81}}=\sqrt{\dfrac{2^3}{9^2}}=$ ⑤ [　　　]

(4) $\dfrac{6}{\sqrt{12}}=\dfrac{6}{2\sqrt{3}}=\dfrac{3}{\sqrt{3}}=\dfrac{3\times\sqrt{3}}{\sqrt{3}\times\sqrt{3}}=\dfrac{3\sqrt{3}}{3}=$ ⑥ [　　　]

6 根号をふくむ式の加法・減法

(1) $3\sqrt{2}+2\sqrt{2}=(3+2)\sqrt{2}=$ ① [　　　]

(2) $\sqrt{75}-\sqrt{27}+\sqrt{12}$

$=$ ② [　　　] $\sqrt{3}-$ ③ [　　　] $\sqrt{3}+$ ④ [　　　] $\sqrt{3}=$ ⑤ [　　　]

(3) $\sqrt{\dfrac{3}{2}}-\dfrac{4}{\sqrt{6}}=\dfrac{\sqrt{3}\times\sqrt{2}}{\sqrt{2}\times \text{⑥}[\quad]}-\dfrac{4\times\sqrt{6}}{\sqrt{6}\times \text{⑦}[\quad]}=\dfrac{\sqrt{6}}{2}-\dfrac{4\sqrt{6}}{6}$

$=\left(\dfrac{\text{⑧}[\quad]}{6}-\dfrac{4}{6}\right)\sqrt{6}=$ ⑨ [　　　]

7 いろいろな計算

(1) $(\sqrt{5}+2)(\sqrt{5}+3)=5+3\sqrt{5}+2\sqrt{5}+6=$ ① [　　　]

(2) $x=\sqrt{7}-2$ のとき，x^2+4x の値を求めなさい。

解答 $x^2+4x=x(x+4)=(\sqrt{7}-2)(\sqrt{7}+$ ② [　　　] $)$

$=7-4=$ ③ [　　　] …答

8 近似値と有効数字

あるものの重さの測定値 150 g について，これが 10 g の位まで測定した値なら，信頼できる数字は 1，5 である。このとき，近似値 150 g の ① [　　　] は 2 けたであるといい，① をはっきり示すために，（② [　　　] $\times10^2$）g のように表すことがある。

復習メモ

a，$b>0$ のとき，

・$\sqrt{a}\times\sqrt{b}=\sqrt{ab}$

・$\sqrt{a^2b}=a\sqrt{b}$

・$\dfrac{\sqrt{a}}{\sqrt{b}}=\sqrt{\dfrac{a}{b}}$

・$\sqrt{\dfrac{a}{b^2}}=\dfrac{\sqrt{a}}{b}$

復習メモ

分母と分子に同じ数をかけて分母に $\sqrt{\ }$ がない形にすることを，分母を有理化するという。

アドバイス

6 (3) 分母を有理化してから通分をする。

アドバイス

7 (1) $\sqrt{5}$ を 1 つの文字とみて，展開の公式を利用する。

(2) 因数分解をしてから値を代入し，展開の公式を利用する。

$(x+a)(x-a)=x^2-a^2$

復習メモ

有効数字をはっきり示すためには，

（整数部分が 1 けたの数）

×（10 の累乗）

の形で表す。

Try! －応用問題－

解答 ➡ 別冊 p.2

1 次の式を展開しなさい。

(1) $(a+5)(a+6)$

(2) $(a+2b)(a-5b)$

(3) $(2a-b)^2$

(4) $(9+a)(a-9)$

(5) $(a+2b-1)^2$

(6) $(a+3+b)(a-3-b)$

2 次の式を因数分解しなさい。

(1) $x^2-7x+12$

(2) $x^2+14x+49$

(3) $xy^2-8xy-20x$

(4) $(x-6)(x+3)-4x$

(5) $(x-4)^2-9$

(6) $(x+y)^2+3(x+y)-54$

3 次の計算をしなさい。分母は有理化して答えなさい。

(1) $(\sqrt{75}-\sqrt{27})\div\sqrt{3}$

(2) $\dfrac{\sqrt{24}}{3}+\dfrac{\sqrt{2}}{\sqrt{3}}$

(3) $\dfrac{\sqrt{48}-\sqrt{8}}{3}-\dfrac{\sqrt{27}-\sqrt{18}}{4}$

(4) $\sqrt{27}+\sqrt{3}-\dfrac{6}{\sqrt{3}}$

(5) $(1+\sqrt{3})(4-\sqrt{3})$

(6) $(\sqrt{2}-\sqrt{3})^2-(\sqrt{3}-\sqrt{5})(\sqrt{3}+\sqrt{5})$

4 次の計算をしなさい。

(1) $67.5^2-32.5^2$　　(2) $(\sqrt{6}-2)^2$

5 次の式の値を求めなさい。

(1) $x=\frac{2}{5}$ のとき，$9x(x+3)-(3x+2)^2$ の値

(2) $x=2\sqrt{3}+5$，$y=2\sqrt{3}-5$ のとき，x^2-y^2 の値

6 次の問いに答えなさい。

(1) $\sqrt{\frac{200}{n}}$ が整数となるような自然数 n をすべて求めなさい。

(2) $3\sqrt{7}-2$ の整数部分を求めなさい。

(3) ある 2 地点間の距離を測り，一の位を四捨五入して得られた値は 3470 km であった。
① 真の値を a km として，a の値の範囲を求めなさい。

② この距離を，四捨五入して有効数字を 2 けたとして，整数部分が 1 けたの数と 10 の累乗の積の形で表しなさい。

7 連続する 2 つの奇数の 2 乗の和を 8 でわると 2 余る。このことを説明しなさい。

3　1次方程式／連立方程式

Check! －基本問題－

解答 ➡ 別冊 p.3

[　　]にあてはまる数や式，ことばを書きなさい。

1　1次方程式の解き方

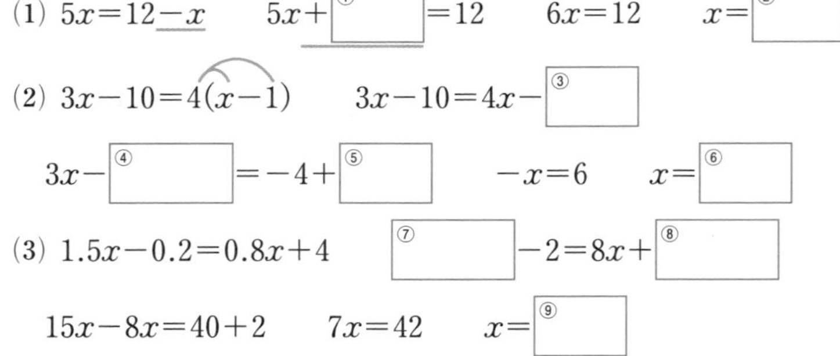

(1) $5x=12-x$　　$5x+$[①　]$=12$　　$6x=12$　　$x=$[②　]

(2) $3x-10=4(x-1)$　　$3x-10=4x-$[③　]

$3x-$[④　]$=-4+$[⑤　]　　$-x=6$　　$x=$[⑥　]

(3) $1.5x-0.2=0.8x+4$　　[⑦　]$-2=8x+$[⑧　]

$15x-8x=40+2$　　$7x=42$　　$x=$[⑨　]

(4) $\dfrac{2x+1}{3}=\dfrac{1}{2}x+1$　　[⑩　]$(2x+1)=$[⑪　]$+6$

[⑫　]$=3x+6$　　$4x-3x=6-2$　　$x=$[⑬　]

2　解から方程式の係数を求める

問　xについての1次方程式 $2x=8x-3a$ の解が2のとき，aの値を求めなさい。

解答　$x=2$ を方程式に代入すると，

$2\times$[①　]$=8\times$[②　]$-3a$　　$3a=12$　　$a=$[③　]　…答

3　比例式

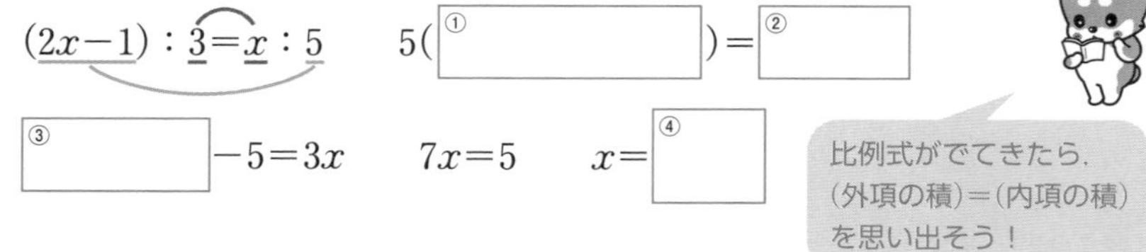

$(2x-1):3=x:5$　　$5($[①　]$)=$[②　]

[③　]$-5=3x$　　$7x=5$　　$x=$[④　]

4　1次方程式の利用

問　差が3，和が23である2つの自然数を求めなさい。

解答　大きい方の数をxとすると，小さい方の数は[①　]

$x+($[①　]$)=23$　　$2x=26$　　$x=$[②　]

小さい方の数は[②　]$-3=$[③　]　　答　13と10

アドバイス

1 (1) 移項を利用して $ax=b$ の形に整理して，両辺をxの係数aでわる。
(2) 分配法則を利用してかっこをはずす。
(3) 両辺に10をかけて，xの係数を整数にする。
(4) xの係数の分母の最小公倍数は6。両辺に6をかけて，xの係数を整数にする。

復習メモ

1 (4) 分数をふくまない式に変形することを，分母をはらうという。

アドバイス

2 xについての方程式の解が2ということは，式に$x=2$を代入すると，等式が成り立つということ。

復習メモ

$a:b=c:d$ のとき，
$ad=bc$ (比例式の性質)

アドバイス

方程式を利用した文章題を解く手順

❶数量を文字で表す
❷方程式をつくる
❸方程式を解く
❹解を確認する

左の 4 では，xを自然数としているので，方程式を解いたあと，それが自然数の解であるかどうか確認をしておく。

5 連立方程式の解き方

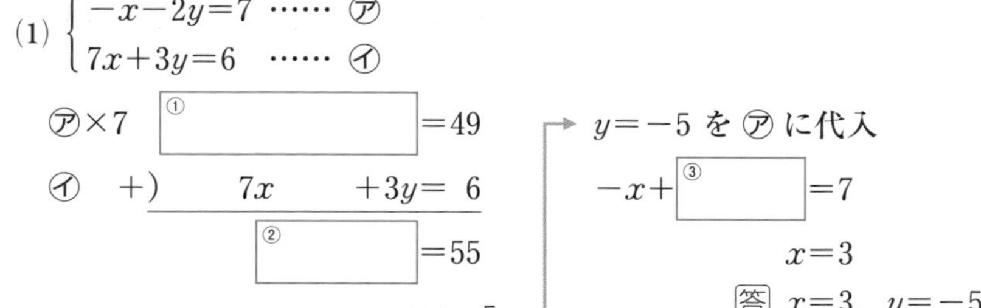

(1) $\begin{cases} -x-2y=7 & \cdots\cdots ㋐ \\ 7x+3y=6 & \cdots\cdots ㋑ \end{cases}$

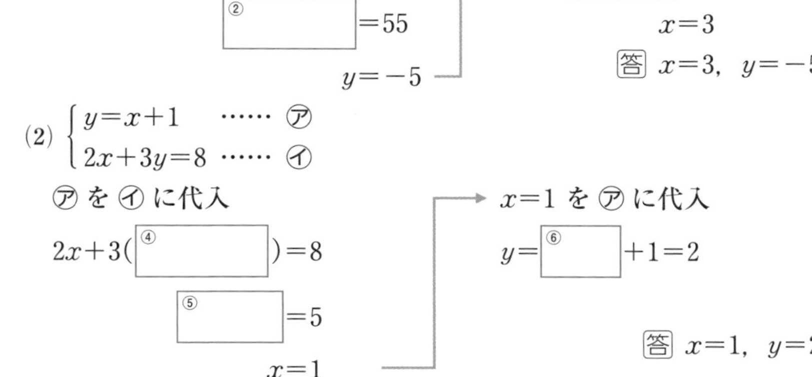

㋐×7　① [　　　] $=49$

㋑　+)　$7x \quad +3y=\ 6$

② [　　　] $=55$

$y=-5$

→ $y=-5$ を ㋐ に代入

$-x+$ ③ [　　　] $=7$

$x=3$

答 $x=3$, $y=-5$

(2) $\begin{cases} y=x+1 & \cdots\cdots ㋐ \\ 2x+3y=8 & \cdots\cdots ㋑ \end{cases}$

㋐ を ㋑ に代入

$2x+3($ ④ [　　　] $)=8$

⑤ [　　　] $=5$

$x=1$

→ $x=1$ を ㋐ に代入

$y=$ ⑥ [　　　] $+1=2$

答 $x=1$, $y=2$

6 $A=B=C$ の形をした方程式

問　連立方程式 $4x-y=2x-5y=\underline{18}$ を解きなさい。

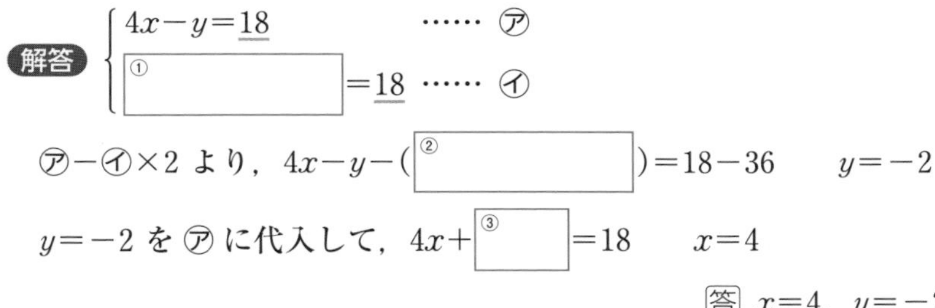

解答 $\begin{cases} 4x-y=\underline{18} & \cdots\cdots ㋐ \\ ① [\quad] =\underline{18} & \cdots\cdots ㋑ \end{cases}$

㋐−㋑×2 より，$4x-y-($ ② [　　　] $)=18-36$　　$y=-2$

$y=-2$ を ㋐ に代入して，$4x+$ ③ [　　　] $=18$　　$x=4$

答 $x=4$, $y=-2$

7 連立方程式の利用

問　家から駅まで 2800 mの道のりを，はじめは分速 80 m で歩き，途中からは分速 200 m で走ったところ，家を出てから 23 分後に駅に着いた。歩いた道のりと走った道のりをそれぞれ求めなさい。

解答 歩いた道のりを x m，走った道のりを y m とすると，

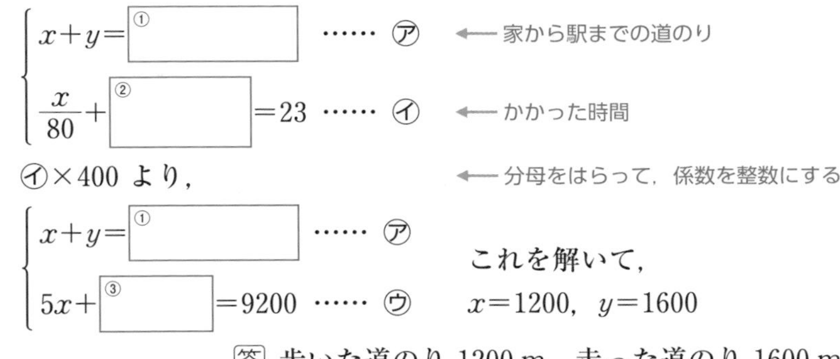

$\begin{cases} x+y= ① [\quad] & \cdots\cdots ㋐ \\ \dfrac{x}{80}+ ② [\quad] =23 & \cdots\cdots ㋑ \end{cases}$

← 家から駅までの道のり

← かかった時間

㋑×400 より，　← 分母をはらって，係数を整数にする

$\begin{cases} x+y= ① [\quad] & \cdots\cdots ㋐ \\ 5x+ ③ [\quad] =9200 & \cdots\cdots ㋒ \end{cases}$

これを解いて，

$x=1200$, $y=1600$

答 歩いた道のり 1200 m，走った道のり 1600 m

アドバイス

5 (1) 加減法を利用する。
x の係数の絶対値を 7 にそろえて両辺をたせば，x が消去でき，y の 1 次方程式になる。
(2) 代入法を利用する。
㋐ の式が $y=$ の形になっているので，そのまま ㋑ に代入すれば，y が消去でき，x の 1 次方程式になる。

復習メモ

- かっこのある連立方程式
- 係数が小数や分数の連立方程式

→ 1 次方程式と同様に，分配法則を用いたり，式の両辺に数をかけたりして，整理して解く。

アドバイス

6 $\begin{cases} 4x-y=2x-5y \\ 2x-5y=18 \end{cases}$

などとしても解けるが，左のように組み合わせて解くのがらくである。

アドバイス

- (歩いた道のり)＋(走った道のり)＝2800 m
- (歩いた時間)＋(走った時間)＝23 分

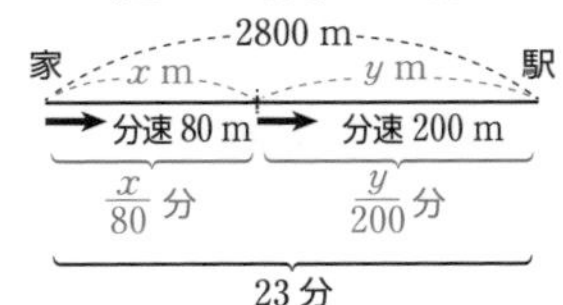

Try! －応用問題－

解答 ➡ 別冊 p.3

1 次の方程式を解きなさい。

(1) $2(x-1)=5(x-2)+2$

(2) $-0.02x+0.1=-0.1x-0.14$

(3) $\dfrac{3x+2}{4}-\dfrac{4x-11}{9}=\dfrac{x+7}{6}$

(4) $0.2(2.9x-4.1)=\dfrac{2}{5}x-1$

2 次の連立方程式を解きなさい。

(1) $\begin{cases} x-2(2x-y)=-1 \\ y=x+3 \end{cases}$

(2) $\begin{cases} 0.4x-0.5y=3 \\ 3x+2y=11 \end{cases}$

(3) $\begin{cases} \dfrac{x}{2}+\dfrac{y-7}{5}=-1 \\ x=y+5 \end{cases}$

(4) $\begin{cases} \dfrac{3}{2}(x+3)-y=\dfrac{5y-7}{3} \\ 0.1x+0.08y=0.06 \end{cases}$

3 次の問いに答えなさい。

(1) 比例式 $(3x-2):(x+4)=5:4$ について，xの値を求めなさい。

(2) 方程式 $2x-y+1=x-2y+5=6$ を解きなさい。

(3) 連立方程式 $\begin{cases} ax+by=16 \\ bx+ay=-19 \end{cases}$ の解が $x=3$，$y=-2$ のとき，a，b の値を求めなさい。

4 男子 22 人，女子 18 人のクラスでテストを行ったところ，男子の平均点は 65 点，クラス全体の平均点は 69.5 点だった。このとき，女子の平均点を求めなさい。

5 妹は分速 80 m で歩いて，家から 1.5 km 離れた駅に向かって出発した。妹が出発してから 12 分後に兄が自転車に乗って分速 320 m で妹を追いかけた。兄が妹に追いつくのは，妹が出発してから何分後か，また，それは駅まで残り何 m の地点か，求めなさい。

6 ある店で，1 枚の定価が等しい A，B 2 種類のシャツを売っている。シャツ A は 2 枚買うと 2 枚目は定価の 980 円引き，シャツ B は 3 枚買うと 3 枚とも定価の 45%引きとなる。シャツ A を 2 枚，シャツ B を 3 枚買うときの代金が等しくなるとき，シャツ 1 枚の定価を求めなさい。

7 ある中学校の今年度の入学者数は，昨年度の入学者数と比べて 4 人増加し，279 人であった。これを男女別に見ると，昨年度より男子の人数は 6 % 増加し，女子の人数は 4 % 減少した。今年度の男子と女子の入学者数を求めなさい。

8 9 % の食塩水 x g と 4 % の食塩水 y g を混ぜ合わせて 7 % の食塩水が 400 g できたとき，x，y の値を求めなさい。

4　2次方程式

Check! −基本問題−

解答 ➡ 別冊 p.5

□にあてはまる数や式，ことばを書きなさい。

1 因数分解による解き方

(1) $x^2-5x=0$　　$x(x-$①$)=0$　　$x=$②，5

(2) $x^2-2x-8=0$

$(x+$③$)(x-$④$)=0$　　$x=$⑤，4

(3) $3x^2+18x+27=0$

x^2+6x+⑥$=0$　　$(x+$⑦$)^2=0$　　$x=$⑧

(4) $(x-6)(x+1)=8$

x^2-⑨$-6=8$　　x^2-⑨$-14=0$

$(x+$⑩$)(x-$⑪$)=0$　　$x=$⑫，7

2 平方根の考えを使った解き方

(1) $(x+3)^2=12$

$x+3=\pm$①　　$x=$②

(2) $4x^2-4x+1=4$

(③$-1)^2=4$　　③$-1=\pm$④

$2x=$⑤，3　　$x=$⑥，$\frac{3}{2}$

3 解の公式の利用

(1) $2x^2+7x-4=0$

$x=\dfrac{-①\pm\sqrt{7^2-4\times2\times(②)}}{2\times③}$

$x=\dfrac{-7+\sqrt{81}}{4}$，$\dfrac{-7-\sqrt{81}}{4}$　　$x=\dfrac{1}{2}$，④

(2) $x^2+6x+1=0$

$x^2+2\times3x+1=0$　　$x=-$⑤$\pm\sqrt{⑥^2-1\times1}$

$x=$⑦

復習メモ

因数分解を利用して2次方程式を解くときは，
(1次式)×(1次式)$=0$
の形をつくり，
「$AB=0$ ならば
$A=0$ または $B=0$」
を使う。

アドバイス

1(3) 両辺を3でわると因数分解がらくになる。
(4) まず展開して整理する。

復習メモ

$x^2=k \rightarrow x=\pm\sqrt{k}$
$(x+m)^2=k \rightarrow x=-m\pm\sqrt{k}$

復習メモ

2次方程式 $ax^2+bx+c=0$ の解は，
$x=\dfrac{-b\pm\sqrt{b^2-4ac}}{2a}$
b が偶数 $(b=2b')$ のときは，
$x=\dfrac{-b'\pm\sqrt{b'^2-ac}}{a}$
とすると計算がらくになる。

4 解が与えられた2次方程式

問　2次方程式 $x^2+ax-12=0$ の解の1つが -3 のとき，a の値ともう1つの解を求めなさい。

解答 $x=-3$ を方程式に代入すると，

①［　　］$-3a-12=0$　　$-3a=3$　　$a=$②［　　］…答

このとき2次方程式は，

x^2-③［　　］$-12=0$　　$(x+3)(x-4)=0$

よって，もう1つの解は $x=$④［　　］…答

> **アドバイス**
> **4** x についての2次方程式の解の1つが -3 ということは，式に $x=-3$ を代入すると，等式が成り立つということ。もう1つの解を求めるには，求められた a の値を代入し，もとの2次方程式を立てて解けばよい。

5 2次方程式の利用（整数の問題）

問　連続する3つの自然数がある。3つの自然数の和が，小さい方の2つの自然数の積に等しいとき，これら3つの自然数を求めなさい。

解答 もっとも小さい自然数を x として，3つの自然数を順に書くと，x，①［　　］，②［　　］

$(x+x+1+x+2)=x($①［　　］$)$

$3x+3=x^2+x$　　$(x+1)(x-3)=0$　　$x=-1,\ 3$

ここで，x は自然数なので，$x=$③［　　］は適さない。

よって，3つの自然数は，④［　　］…答

> **アドバイス**
> 〈2次方程式の文章題〉
> ふつう2次方程式は解を2つもつので，どちらかの解が問題に適さない可能性が1次方程式のときより高くなる。このため，方程式を解いたあとの解の確認が大事になってくる。

> **アドバイス**
> **5** 真ん中の数を x として，3つの自然数を $x-1$，x，$x+1$ としても解ける。

6 2次方程式の利用（図形の面積）

問　正方形の，縦の長さを3倍にし，横の長さを4 cm 短くして長方形をつくったところ，面積はもとの正方形の2倍になった。もとの正方形の1辺の長さを求めなさい。

解答 正方形の1辺の長さを x cm とすると，

$3x($①［　　］$)=2x^2$　　$x(x-12)=0$　　$x=0,\ 12$

ここで，x は辺の長さなので，$x=$②［　　］は適さない。

よって，正方形の1辺の長さは③［　　］cm …答

> **アドバイス**
> **6** 辺の長さなので，自然数の解を選ぶことに注意する。

方程式が解けたあとの解の確認がとても大事なんだね。

Try! −応用問題−

解答 ➡ 別冊 p.5

1 次の方程式を解きなさい。

(1) $x^2+7x=0$

(2) $x^2-4x+4=0$

(3) $x^2-8x+15=0$

(4) $x^2-2x-63=0$

(5) $4x^2-9=0$

(6) $(x-5)^2=36$

(7) $2x^2+5x-3=0$

(8) $x^2-3x-2=0$

(9) $(x-3)^2-2(x+3)=0$

(10) $(x+1)^2-3(x+1)-28=0$

2 2次方程式 $x^2+2x+a=0$ の解の1つが $-1+\sqrt{3}$ であるとき，a の値を求めなさい。

3 2次方程式 $x^2+ax+b=0$ が $x=7$ のみを解にもつとき，a，b の値を求めなさい。

4 連続する2つの自然数の2乗の和が，もとの2つの自然数の和の6倍に7を加えた数と等しくなるとき，この2つの自然数を求めなさい。

5 右の図は，ある月のカレンダーである。このカレンダーでは，たとえば，1の真下の数は8，1の右どなりの数は2となっている。いま，カレンダーの中のある数xの真下の数に，xの右どなりの数をかけて15を加えた。すると，xに28をかけて14をひいた数と等しくなった。このとき，ある数xを求めなさい。

日	月	火	水	木	金	土
	1	2	3	4	5	6
7	8	9	10	11	12	13
14	15	16	17	18	19	20
21	22	23	24	25	26	27
28	29	30	31			

6 右の図のような，縦14 m，横21 mの長方形の形をした土地の縦方向と横方向に，それぞれ同じ幅の道をつくる。道以外の土地は228 m^2残したいときの，道の幅を求めなさい。

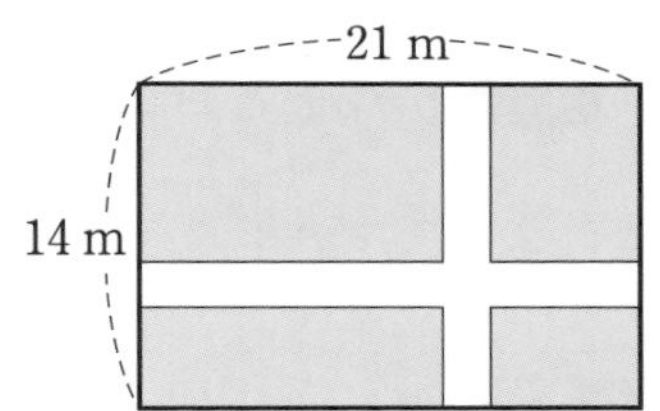

7 4.4 km離れている2地点A，Bがある。午後2時にPさんは徒歩でAを出発し，分速75 mでBへ向かった。同じ時刻にQさんはBを出発し，Pさんが通るのと同じ道を自転車で走ってAに向かった。Qさんは途中でPさんとすれちがい，その6分後にAに着いた。このとき，次の問いに答えなさい。ただし，移動する速度はPさんもQさんも一定とする。

(1) 2人がすれちがった時刻を求めなさい。

(2) Qさんは分速何mで走ったか，求めなさい。

5 比例と反比例

Check! −基本問題−

解答 ➡ 別冊 p.6

□ にあてはまる数や式，ことばを書きなさい。

1 比例と比例定数

分速 60 m で x 分間歩いたときに進む道のりを y m とする。

このとき，$y=$ ① □ と表すことができるので，

「y は x に ② □ し，比例定数は ③ □ である。」

といえる。

> **復習メモ**
> x の値を 1 つ決めたとき，それにともなって y の値も 1 つに決まるとき，y は x の関数であるという。

> **復習メモ**
> y が x の関数で
> $y=ax$（a は定数）
> と表される
> → y は x に比例している

2 比例の式の求め方

問　y が x に比例し，$x=2$ のとき $y=6$ である。このとき，y を x の式で表しなさい。

解答 $y=ax$ とおくと，① □ $=a\times$ ② □ より，$a=3$

よって，$y=$ ③ □ …答

> **アドバイス**
> **2** $a=\frac{y}{x}$（一定）なので，
> $a=\frac{6}{2}=3$ と求めてもよい。

3 グラフから比例の式を求める

問　グラフが右の図の直線 (1)，(2) になる比例の式を求めなさい。

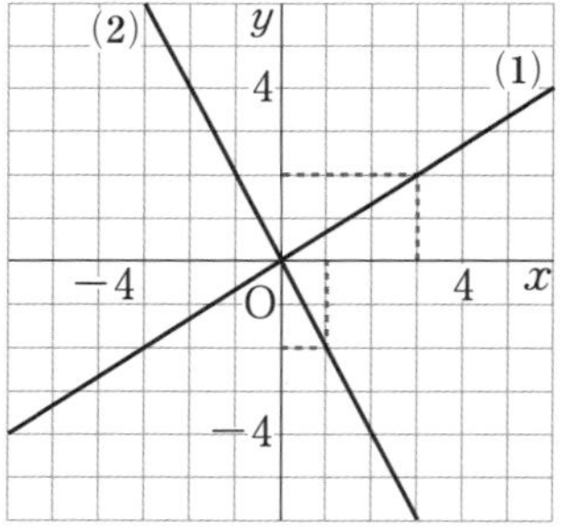

解答 比例の式を $y=ax$ とおく。

(1) 点 (3，2) を通っているので，

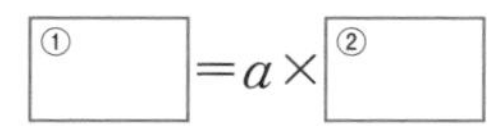

① □ $=a\times$ ② □

$a=\frac{2}{3}$ より，$y=\frac{2}{3}x$ …答

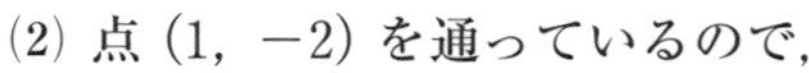

(2) 点 (1，−2) を通っているので，

$-2=a\times1$　$a=$ ③ □　よって，$y=$ ④ □ …答

> **復習メモ**
> 比例 $y=ax$ のグラフは原点を通る直線である。

4 反比例と比例定数

容積が 8 L の水そうに，空の状態から毎分 x L の割合で水を入れると，いっぱいになるまでに y 分かかるとする。

このとき，$y=$ ① □ と表すことができるので，

「y は x に ② □ し，比例定数は ③ □ である。」

といえる。

> **復習メモ**
> y が x の関数で
> $y=\frac{a}{x}$（a は定数）
> と表される
> → y は x に反比例している

5 反比例の式の求め方

問　y が x に反比例し，$x=-4$ のとき $y=\frac{3}{2}$ である。このとき，y を x の式で表しなさい。

解答　$y=\frac{a}{x}$ とおくと，①$=\frac{a}{②}$ より，$a=-6$

よって，$y=$③ …答

> **アドバイス**
> **5** $a=xy$（一定）なので，
> $a=-4\times\frac{3}{2}=-6$
> と求めてもよい。

6 グラフから反比例の式を求める

問　グラフが右の図の曲線になる反比例の式を求めなさい。

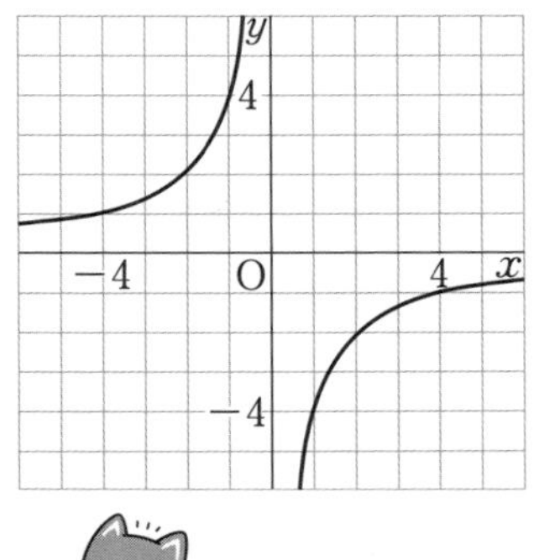

解答　式を $y=\frac{a}{x}$ とおくと，

点 $(4,\ -1)$ を通っているので，

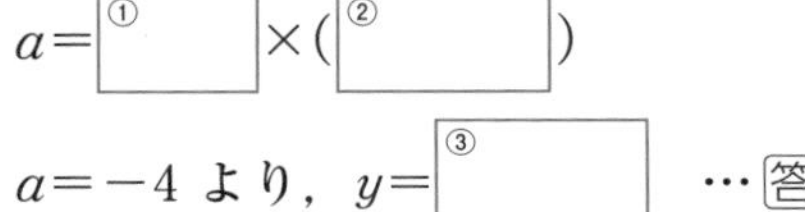

$a=$①$\times($②$)$

$a=-4$ より，$y=$③ …答

> **復習メモ**
> 反比例 $y=\frac{a}{x}$ のグラフは，原点について対称でなめらかな2つの曲線である。

> **アドバイス**
> **6** $y=\frac{a}{x}$ に $x=4$，$y=-1$ を代入して，$-1=\frac{a}{4}$ として a の値を求めてもよい。

7 比例と反比例の応用

(1) 18 L のガソリンで 450 km の距離を走る車がある。この車が x L のガソリンで y km の距離を走るとすると，

$y=$① と表され，y は x に② する。

(2) 家から駅まで徒歩で移動するのに，分速 70 m で歩くと 7 分かかる。分速 x m で歩いたときにかかる時間を y 分とすると，

$y=$③ と表され，y は x に④ する。

> **アドバイス**
> **7**(2) かかる時間は移動する速さに反比例する。
> →(速さ x)×(時間 y) は一定

8 グラフの応用

右の図は，姉と妹が家を同時に出発し，750 m 離れた公園に歩いて向かう様子を表したグラフである。このグラフから次のことがわかる。

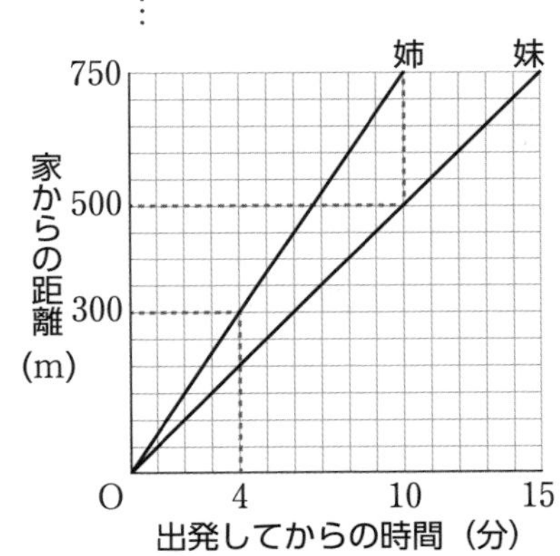

(1) 歩く速さは① の方が速い。

(2) 姉が 300 m 進むのにかかる時間は② 分である。

(3) 姉が公園に着いたとき，妹は家から③ m の地点にいる。

Try! －応用問題－

解答 ➡ 別冊 p.6

1 y が x に比例するとき，次の問いに答えなさい。

(1) $x=2$ のとき $y=8$ であるとする。

① y を x の式で表しなさい。　② $x=3$ のときの y の値を求めなさい。

(2) $x=-9$ のとき $y=6$ であるとする。

① y を x の式で表しなさい。　② $y=10$ のときの x の値を求めなさい。

2 y が x に反比例するとき，次の問いに答えなさい。

(1) $x=7$ のとき $y=2$ であるとする。

① y を x の式で表しなさい。　② $x=-2$ のときの y の値を求めなさい。

(2) $x=9$ のとき $y=-4$ であるとする。

① y を x の式で表しなさい。　② $y=-12$ のときの x の値を求めなさい。

3 次の問いに答えなさい。

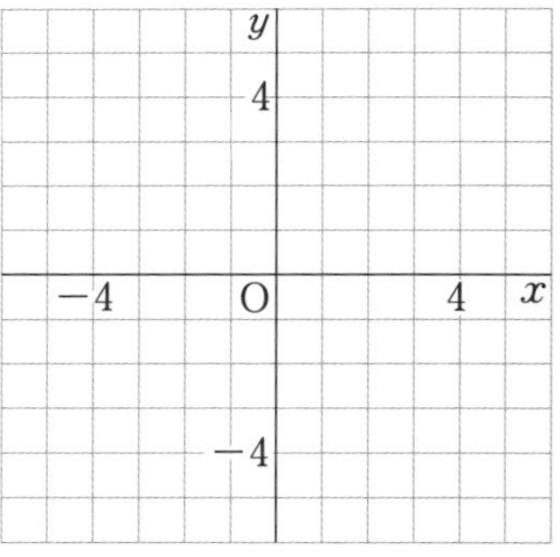

(1) 次の関数のグラフを右の図にかきなさい。

① $y=2x$　② $y=-\frac{2}{3}x$

(2) 比例 $y=-\frac{2}{3}x$ について，x の変域が $-3\leqq x\leqq 6$ のときの y の変域を求めなさい。

4 反比例 $y=\frac{6}{x}$ について，次の問いに答えなさい。

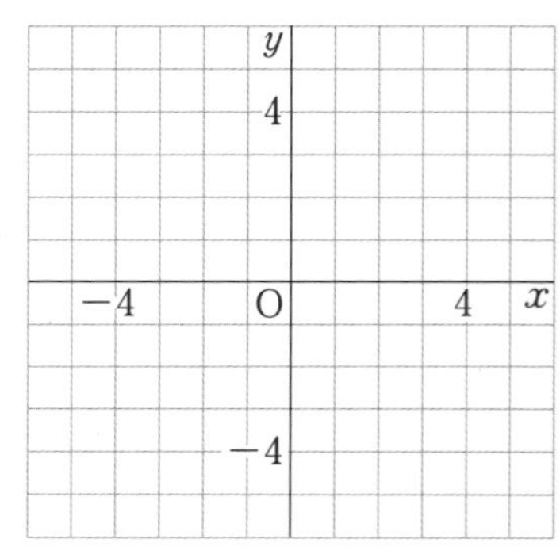

(1) グラフを右の図にかきなさい。

(2) x の変域が $1\leqq x\leqq 3$ のときの y の変域を求めなさい。

5 右の図は比例のグラフで，2点A，Bはこのグラフ上の点である。このとき，次の問いに答えなさい。

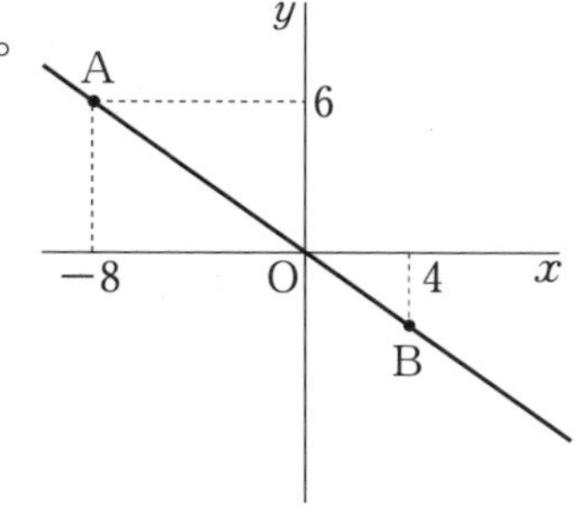

(1) グラフの式を求めなさい。

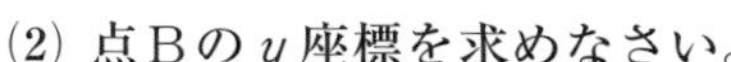
(2) 点Bの y 座標を求めなさい。

(3) 3点A，B，C(0，2) を頂点とする三角形の面積を求めなさい。

6 右の図は反比例のグラフで，A，Bはこのグラフ上の点，C，Dは x 軸上の点である。点Aと点C，点Bと点Dの x 座標がそれぞれ等しいとき，次の問いに答えなさい。

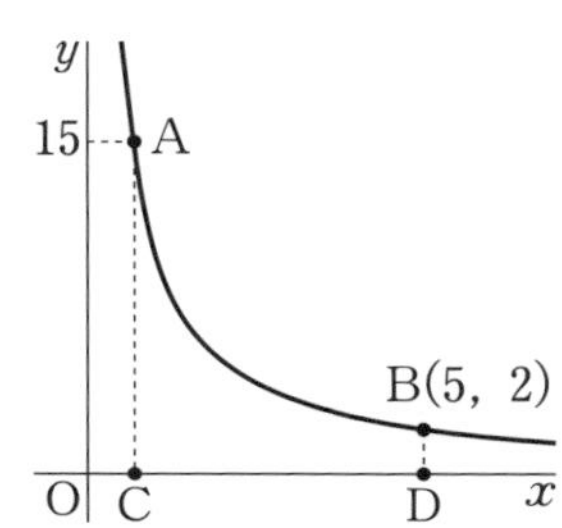

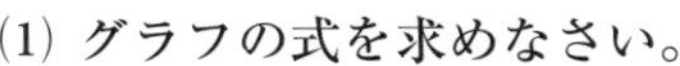
(1) グラフの式を求めなさい。

(2) 線分CDの長さを求めなさい。

(3) △ACBの面積を求めなさい。

7 右の図のような直角三角形ABCがあり，2点P，Qは，点Bを出発して辺AB上を移動する。点Pは秒速 2 cm，点Qは秒速 $\frac{2}{3}$ cm で動き，点Pが点Aに着いたとき点Qも止まるものとする。2点が点Bを同時に出発してから x 秒後の △CPQ の面積を y cm^2 とするとき，次の問いに答えなさい。

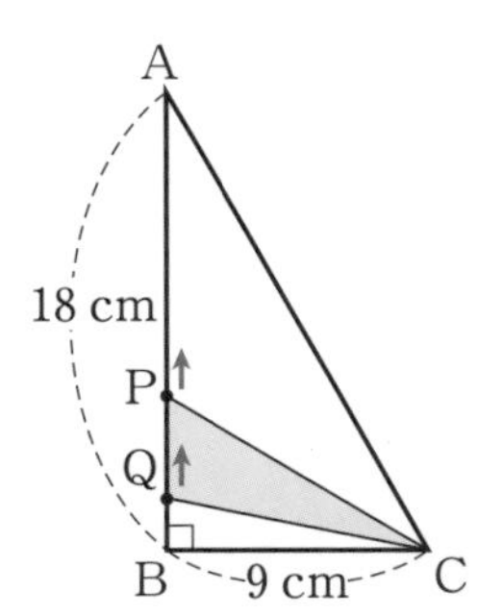

(1) x の変域を求めなさい。

(2) y を x の式で表しなさい。

(3) △CPQの面積が直角三角形ABCの面積の半分になるのは，2点が点Bを出発してから何秒後か，求めなさい。

6　1次関数

Check! －基本問題－

解答 ➡ 別冊 p.7

□にあてはまる数や式，ことばを書きなさい。

1　1次関数の例

1Lの水が入っている水そうに，水道から毎分2Lの水を入れる。入れ始めてからx分後の水そうの水の量をyLとすると，

$y=$ ①□ と表すことができるので，

「yはxの ②□ である。」といえる。

2　変化の割合

1次関数 $y=5x+8$ について，xの値が1から3まで増加するとき，

yの増加量は，$(5\times3+8)-(5\times1+8)=$ ①□

変化の割合は，$\dfrac{①□}{3-1}=$ ②□

3　直線の傾きと切片

1次関数 $y=6x+1$ のグラフは ①□ である。

xが1増加するとyが6増加するので，直線の傾きは ②□，

点$(0,\ 1)$を通るので，直線の切片は ③□ である。

4　1次関数の式の求め方

(1) 右の図の直線の式を求めなさい。

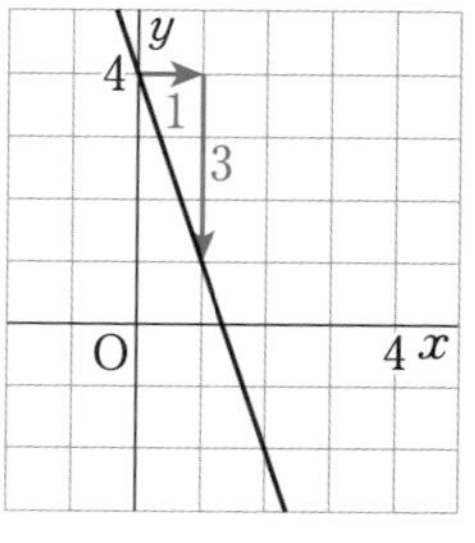

解答 点$(0,\ 4)$を通っているので，

切片は ①□

また，右へ1進むと下へ3進むから，

傾きは ②□

よって，式は $y=$ ③□ …答

復習メモ

yがxの関数で，yがxの1次式

$y=ax+b$（a，bは定数）

で表されるとき，yはxの1次関数であるという。比例は，1次関数 $y=ax+b$ の $b=0$ の場合である。

復習メモ

・変化の割合$=\dfrac{y\text{の増加量}}{x\text{の増加量}}$

・1次関数 $y=ax+b$ の変化の割合はaで一定である。

復習メモ

1次関数 $y=ax+b$ のグラフを，直線 $y=ax+b$ といい，aを直線の傾き，bを直線の切片という。

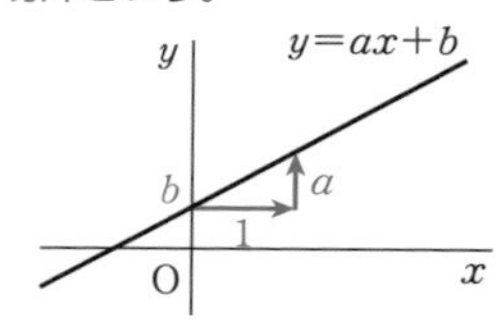

アドバイス

4(1) 直線の傾きは

$\dfrac{y\text{の増加量}}{x\text{の増加量}}=\dfrac{-3}{1}$

変化の割合
↔直線の傾き
1次関数のグラフ
↔直線の式
この対応をおさえよう！

(2) 2 点 (1, 6), (4, 27) を通る直線の式を求めなさい。

解答 直線の傾きは, $\frac{27-6}{4-1}=$ ④[ ]

$y=7x+b$ に $x=1$, $y=6$ を代入して,

$6=7\times1+b$　　$b=$ ⑤[ ]

よって, 式は $y=$ ⑥[ ]　…答

5 1次関数と方程式

(1) 方程式 $2x-y=4$ のグラフをかきなさい。

解答 式を変形して, $y=$ ①[ ]

グラフは, 傾き ②[ ], 切片 ③[ ] の直線になる。

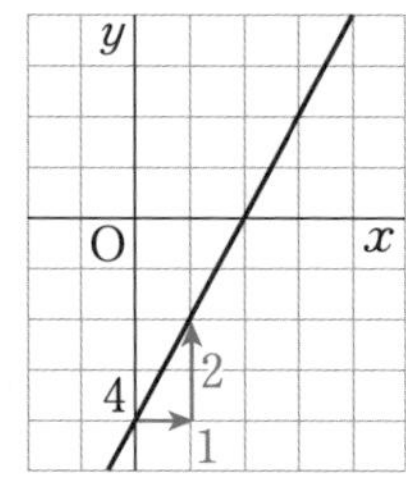

(2) 2 直線 $x+y=3$, $2x+y=5$ の交点を求めなさい。

解答 連立方程式 $\begin{cases} x+y=3 \\ 2x+y=5 \end{cases}$ を解いて, $x=2$, $y=1$

よって, 2 直線は点 (④[ ]) で交わる。…答

6 1次関数の利用

兄と弟が家から 2700 m 離れた図書館に向かった。兄が徒歩で家を出発した 12 分後に弟は自転車で出発した。兄が出発してから x 分後における, 家からの道のりを y m としたとき, グラフは右の図のようになる。

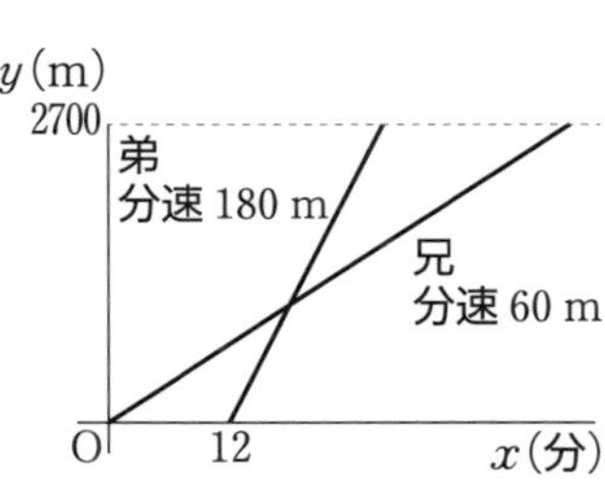

(1) 弟について, y を x の式で表しなさい。

解答 速さが分速 180 m なので, 変化の割合は ①[ ]

$y=180x+b$ に (12, 0) を代入して, $b=-2160$

よって, 式は $y=$ ②[ ]　…答

(2) 兄が出発してから何分後に弟が追いつくか, 求めなさい。

解答 兄についての式は $y=$ ③[ ]

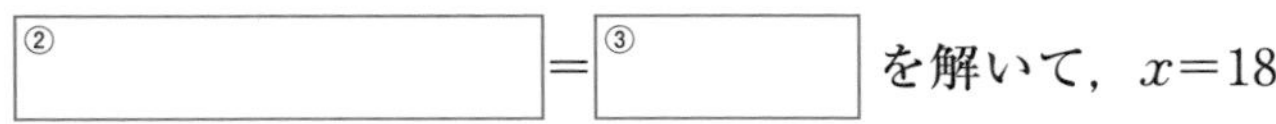

②[ ] = ③[ ] を解いて, $x=18$

答 18 分後

アドバイス

4 (2) $y=ax+b$ とおき, 2 点の座標より, 連立方程式 $\begin{cases} 6=a+b \\ 27=4a+b \end{cases}$ を解いてもよい。

アドバイス

5 (1) $x=0$ のとき $y=4$, $y=0$ のとき $x=2$ より, 2 点 (0, 4) と (2, 0) を直線で結んでもよい。

復習メモ

・方程式 $x=p$ のグラフ
　… y 軸に平行な直線
・方程式 $y=q$ のグラフ
　… x 軸に平行な直線

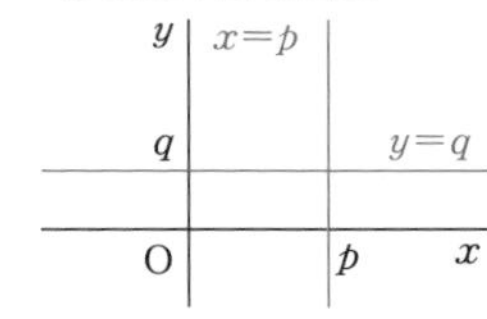

アドバイス

6 グラフの横軸が時間, 縦軸が道のりなので, 直線の傾きが速さになる。
(1) 1 分で 180 m 進むので, 変化の割合は $\frac{180}{1}=180$
(2) 兄の分速は 60 m なので, 変化の割合も 60 となる。

Try! −応用問題−

解答 ➡ 別冊 p.7

1 1次関数 $y=-\dfrac{7}{6}x+1$ について，次の問いに答えなさい。

(1) x の値が -2 から 3 まで増加するときの変化の割合を求めなさい。

(2) x の値が -8 から 4 まで増加するときの y の増加量を求めなさい。

2 次の1次関数や方程式のグラフをかきなさい。

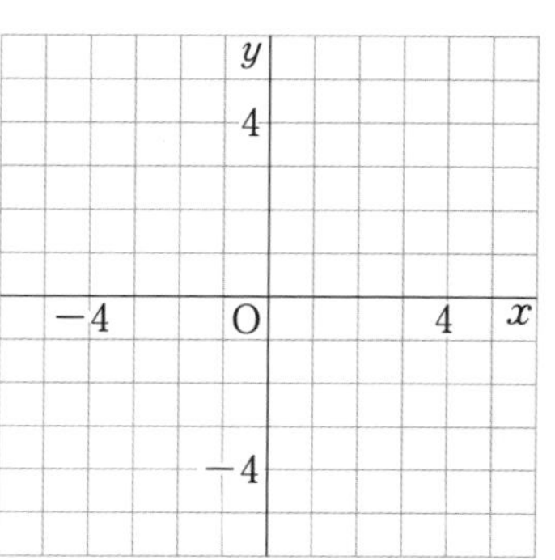

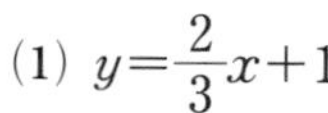

(1) $y=\dfrac{2}{3}x+1$

(2) $y=-2x-4$

(3) $3y=9$

(4) $6x-12=0$

3 次の1次関数や直線の式を求めなさい。

(1) 変化の割合が -7 で，$x=2$ のとき $y=-5$ である。

(2) 直線 $y=\dfrac{3}{5}x$ と平行で，切片が2である。

(3) 傾きが4で，点 $(-3,\ 0)$ を通る。

(4) 2点 $(3,\ -8)$，$(-2,\ 7)$ を通る。

4 次の2直線の交点を求めなさい。

(1) $3x-2y=1$，$4x-3y=-2$

(2) 右の図の直線 ℓ，m

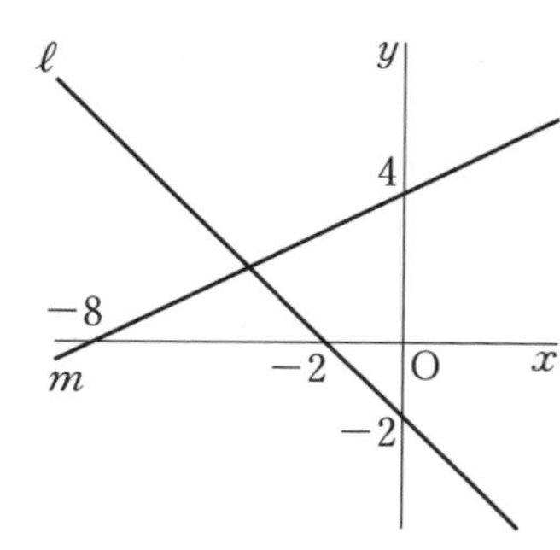

5 1次関数 $y=-\frac{3}{4}x+2$ において，x の変域が $-8 \leqq x \leqq a$ のとき，y の変域が $-4 \leqq y \leqq b$ となるとき，定数 a，b の値を求めなさい。

6 水そうに水が 16 L 入っている。この水そうに注水管から水を入れ，しばらくしてから，注水を続けたまま排水を始めた。右の図は，水を入れ始めてから x 分後の水そうの中の水の量を y L として，x と y の関係をグラフに表したものである。排水する量は毎分何 L か，求めなさい。

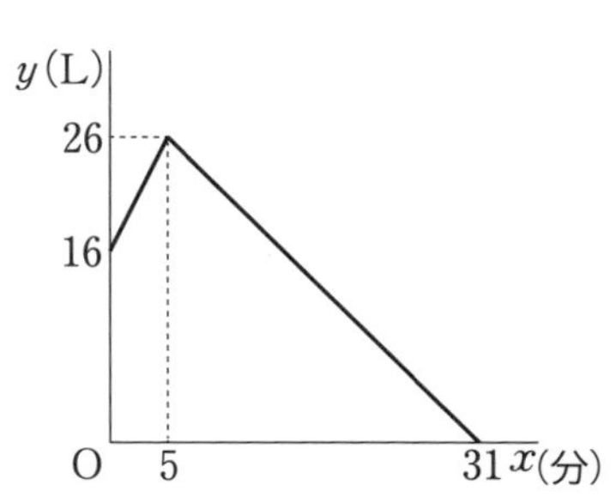

7 右の図は，8 km 離れた駅と公園を往復するバスの，午前 9 時から 10 時までの運行状況を表したものである。このとき，次の問いに答えなさい。

(1) バスの速さは時速何 km か，求めなさい。

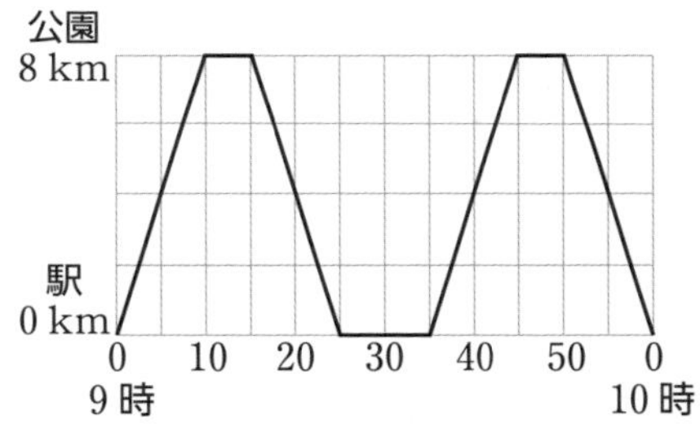

(2) A さんは，午前 9 時に公園を出発して，バスと同じ道を自転車で駅に向かった。自転車の速さを時速 12 km とするとき，A さんは何回バスと出会うか求めなさい。

8 右の図のような長方形 ABCD と，その辺上を動く 2 点 P，Q がある。点 P は，点 D から点 A まで秒速 3 cm で動き，点 Q は，点 C から点 B に向かって秒速 2 cm で動き，点 P が点 A に着いたら止まるものとする。2 点が同時に出発してから x 秒後の四角形 AQCP の面積を y cm^2 とするとき，y を x の式で表しなさい。また，x の変域を求めなさい。

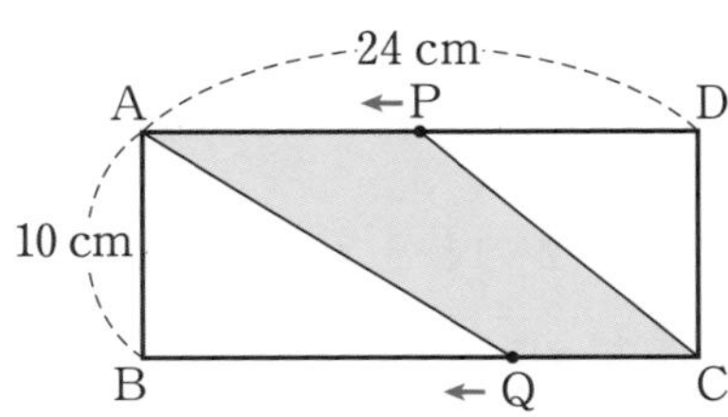

7 関数 $y=ax^2$

Check! ―基本問題―

解答 ➡ 別冊 p.8

□ にあてはまる数や式，ことばを書きなさい。

1 2乗に比例する関数とその表し方

1辺が x cm の立方体の表面積を y cm^2 とすると，

$y=$ ① と表すことができるので，

「y は x の ② し，比例定数は ③ である。」

といえる。

復習メモ

y が x の関数で，

$y=ax^2$（a は定数）

と表されるとき，y は x の2乗に比例するという。

2 関数 $y=ax^2$ のグラフ

関数 $y=x^2$ は，比例定数が1で正なので，

グラフは ① に開く。

関数 $y=-2x^2$ は，比例定数が -2 で負なので，グラフは ② に開く。

また，右の図の**ア**，**イ**のうち，

関数 $y=\frac{1}{3}x^2$ のグラフは ③ になる。

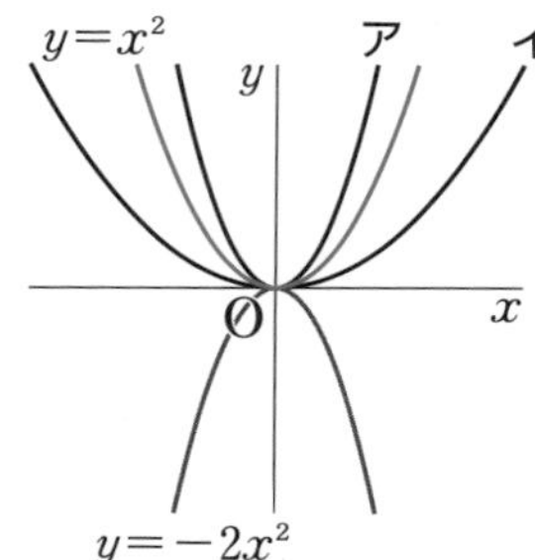

復習メモ

〈関数 $y=ax^2$ のグラフ〉

- y 軸について対称な放物線。
- $a>0$ のときグラフは上に開く。
- $a<0$ のときグラフは下に開く。
- a の絶対値が大きいほど，グラフの開き具合は小さい。

3 関数 $y=ax^2$ の変域

問 関数 $y=2x^2$ $(-1\leqq x\leqq 2)$ について，y の最大値と最小値を求めなさい。

解答 グラフは右の図のようになる。

$x=-1$ のとき $y=2\times(-1)^2=$ ①，

$x=2$ のとき $y=2\times 2^2=$ ② となる。

よって，y は，

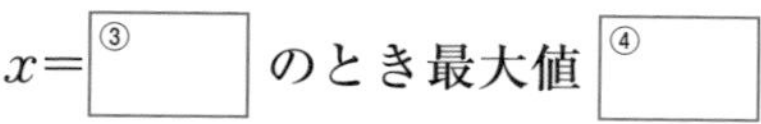

$x=$ ③ のとき最大値 ④，

$x=$ ⑤ のとき最小値 ⑥ をとる。 …答

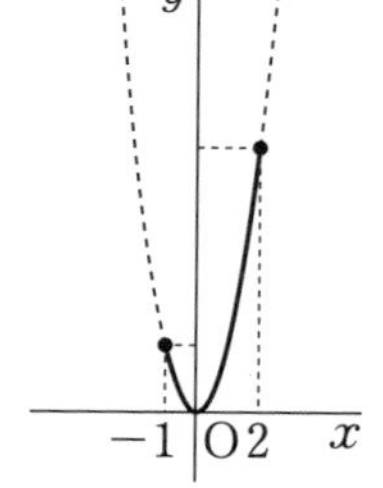

アドバイス

3 グラフが上に開いているので，y は x の変域の端で最大値をとる。

ただし，x の変域が0をふくんでいるので，y の最小値は，x の変域の端の値ではなく，0であることに注意する。

4 関数 $y=ax^2$ の変化の割合

問 関数 $y=-3x^2$ について，x の値が -5 から 4 まで増加するときの変化の割合を求めなさい。

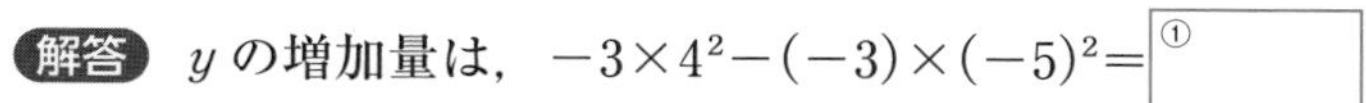

解答 y の増加量は，$-3\times4^2-(-3)\times(-5)^2=$ ①［　　］

よって，変化の割合は，$\dfrac{①［\quad］}{4-(-5)}=$ ②［　　］ …答

5 関数 $y=ax^2$ の利用（落下運動）

問 物体を落下させるとき，落下し始めてから x 秒後までに落下する距離を y m とすると，$y=5x^2$ の関係が成り立つものとする。このとき，落下し始めてから 3 秒後までに落下する距離を求めなさい。また，その間の平均の速さを求めなさい。

解答 落下し始めてから 3 秒後までに落下する距離は，

$y=5\times3^2=$ ①［　　］(m) …答

落下し始めてから 3 秒間の平均の速さは，

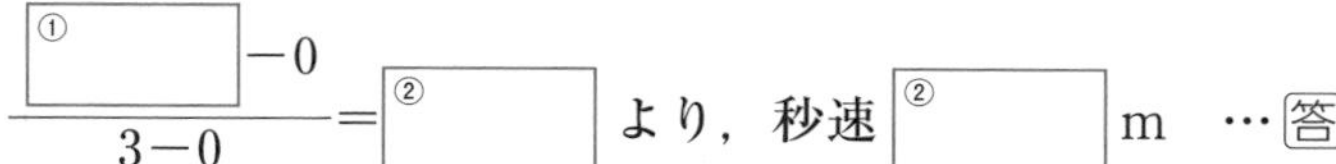

$\dfrac{①［\quad］-0}{3-0}=$ ②［　　］ より，秒速 ②［　　］m …答

6 関数 $y=ax^2$ の利用（放物線と直線）

問 右の図のように，関数 $y=2x^2$ のグラフと直線 ℓ が 2 点 A，B で交わっているとき，△AOB の面積を求めなさい。

解答 直線 ℓ の式を $y=ax+b$ とすると，

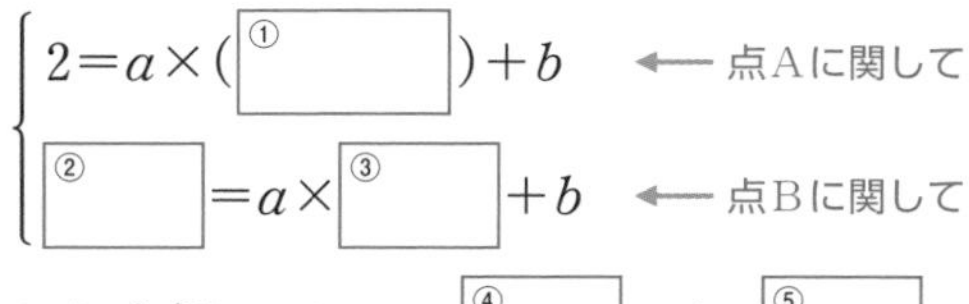

$2=a\times($①［　　］$)+b$ ←点Aに関して

②［　　］$=a\times$ ③［　　］$+b$ ←点Bに関して

これを解いて，$a=$ ④［　　］，$b=$ ⑤［　　］

y 軸と直線 ℓ の交点を C とすると，OC= ⑥［　　］であり，

△AOB=△AOC+△BOC であるから，面積は，

$\dfrac{1}{2}\times$ ⑥［　　］$\times1+\dfrac{1}{2}\times$ ⑥［　　］$\times$ ⑦［　　］$=$ ⑧［　　］ …答

アドバイス

4 関数 $y=ax^2$ の，x が p から q まで増加するときの変化の割合は，

$\dfrac{aq^2-ap^2}{q-p}=\dfrac{a(q+p)(q-p)}{q-p}$
$=a(q+p)$

この式を利用すると，左の例の変化の割合は，
$-3\times\{4+(-5)\}=3$

変化の割合は p や q の値で変わってしまうんだ！

アドバイス

5 落下する物体や坂道を転がる物体の速さは一定にはならないため，ある間の「平均の速さ」として考える。

平均の速さ$=\dfrac{\text{移動距離}}{\text{かかった時間}}$

アドバイス

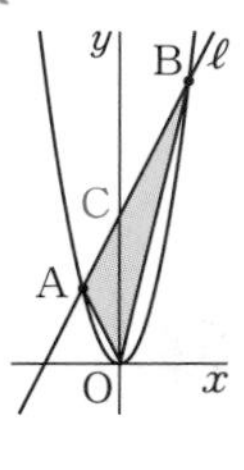

6 底辺や高さがわかりにくい場合は，三角形を分けて，座標軸と平行になるように底辺や高さを考えるとよい。

2 つの三角形の底辺 OC の長さは，直線 ℓ の切片の絶対値から求められるので，まず，通る 2 点から直線 ℓ の式を求める。

Try! －応用問題－

解答 ➡ 別冊 p.8

1 y が x の 2 乗に比例し，$x=4$ のとき $y=-8$ であるとき，次の問いに答えなさい。

(1) y を x の式で表しなさい。

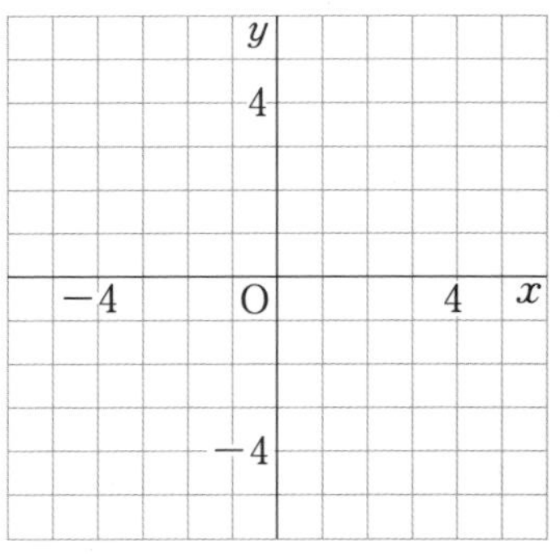

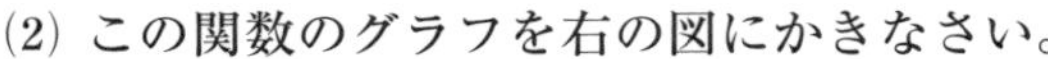
(2) この関数のグラフを右の図にかきなさい。

(3) y 座標が -4 であるような点の x 座標を求めなさい。

2 y が x の 2 乗に比例し，$x=-2$ のとき $y=1$ であるとき，次の問いに答えなさい。

(1) y を x の式で表しなさい。

(2) x の値が -1 から 5 まで増加するときの変化の割合を求めなさい。

(3) x の変域が $4 \leqq x \leqq 8$ のときの最大値と最小値，およびそのときの x の値を求めなさい。

(4) x の変域が $-6 \leqq x \leqq 2$ のときの最大値と最小値，およびそのときの x の値を求めなさい。

3 関数 $y=ax^2$ について，次の問いに答えなさい。

(1) x の変域が $-4 \leqq x \leqq 1$ のとき，y の変域は $b \leqq y \leqq \frac{8}{3}$ となるとき，定数 a，b の値を求めなさい。

(2) x の値が -7 から 8 まで増加するときの変化の割合が 3 であるとき，定数 a の値を求めなさい。

4 物体を落下させるとき，落下し始めてから x 秒後までに落下する距離を y mとすると，y は x の2乗に比例し，落下し始めてから2秒後までに 19.6 m 落下する。このとき，次の問いに答えなさい。

(1) y を x の式で表しなさい。

(2) 122.5 m の高さから物体を落下させるとき，地面に到達するまでに何秒かかるか，求めなさい。

5 右の図のような台形 ABCD がある。点Pは，点Bを出発して，辺BA上を秒速1 cm で点Aに向かい，点Aに到着後，辺AD上を秒速2 cm で点Dまで進んで止まる。点Qは，点Bを出発して，辺BC上を秒速1 cm で点Cまで進んで止まる。2点が同時に点Bを出発してから x 秒後の △BPQ の面積を y cm^2 とするとき，次の問いに答えなさい。

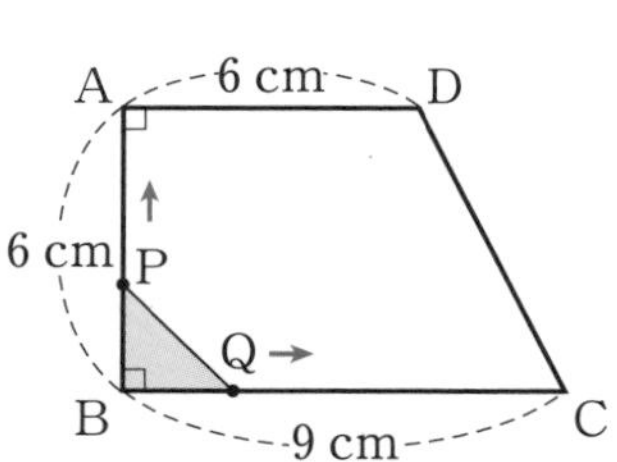

(1) 2点が点Bを出発してから2秒後の △BPQ の面積を求めなさい。

(2) 次の x の変域において，y を x の式で表しなさい。

① $0 \leqq x \leqq 6$ のとき　　② $6 \leqq x \leqq 9$ のとき

(3) △BPQ の面積が 8 cm^2 になるのは，2点が点Bを出発してから何秒後か，求めなさい。

6 関数 $y=ax^2$ のグラフと直線 $y=x+6$ が点Aで交わっている。点Aの x 座標が2であるとき，次の問いに答えなさい。

(1) 点Aの y 座標を求めなさい。　　(2) a の値を求めなさい。

7 関数 $y=-\frac{1}{3}x^2$ のグラフ上に，x 座標が -3 である点Aと x 座標が6である点Bがある。原点をOとするとき，△OAB の面積を求めなさい。

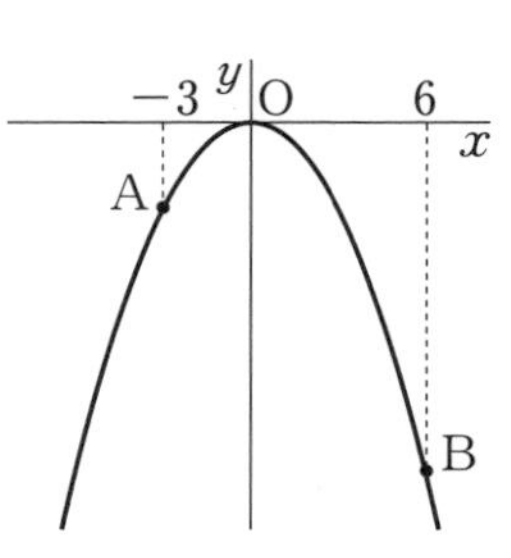

8　平面図形

Check! －基本問題－

解答 ➡ 別冊 p.9

□にあてはまる数や式，ことばを書きなさい。

1 平面上の直線

(1) 直線と線分

①□ AB　　②□ AB　　半直線 ③□

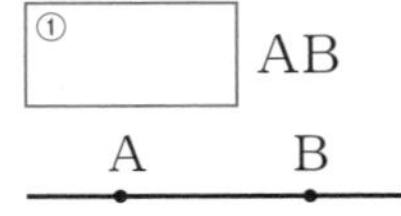

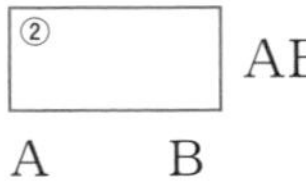

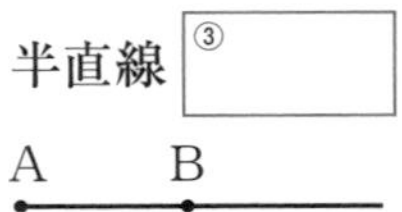

(2) 角

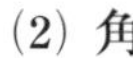

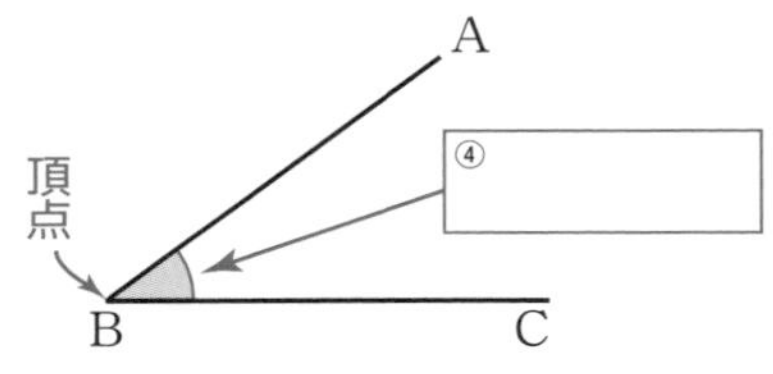

(3) 2直線の関係

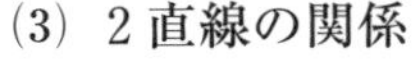

AB ⑤□ CD　　AB ⑥□ CD

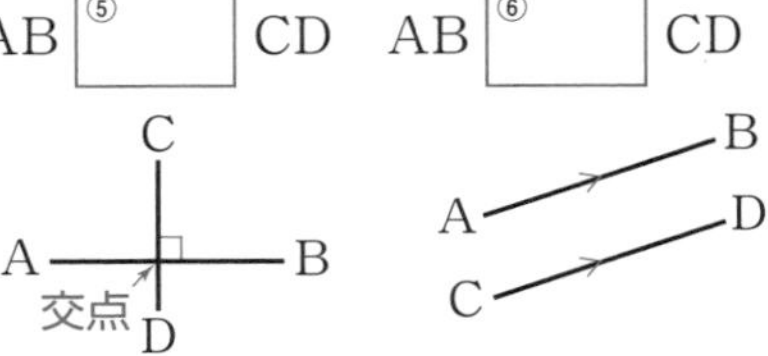

復習メモ

両方向に限りなくまっすぐのびた線を直線，両端がある直線を線分，端が一方だけにある直線を半直線という。

アドバイス

1(1) 半直線 AB と半直線 BA は異なるので注意する。

2 図形の移動

(1) △ABC を平行移動させて △A′B′C′ ができたとき，

AA′ ①□ BB′ ①□ CC′

AA′＝②□＝③□

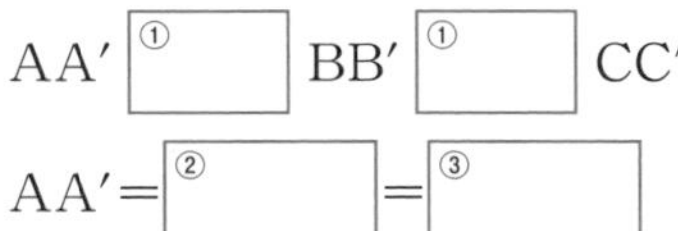

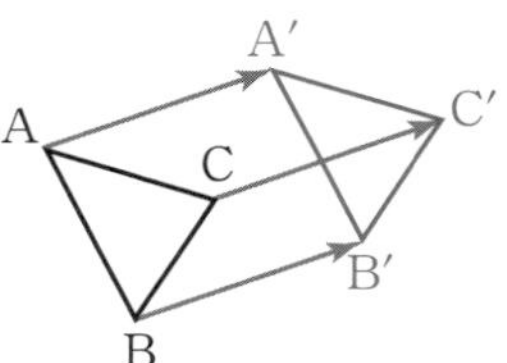

(2) △ABC を回転移動させて △A′B′C′ ができたとき，

∠AOA′＝④□＝⑤□

OA＝⑥□，OB＝⑦□，

OC＝⑧□

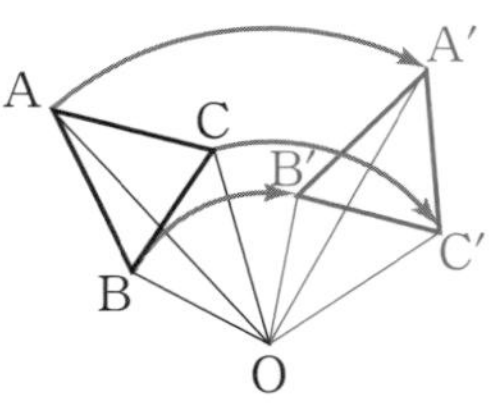

(3) △ABC を，直線 ℓ を対称の軸として対称移動させて △A′B′C′ ができたとき，AD＝⑨□，AA′⊥⑩□

BE＝⑪□，BB′⊥⑩□，

CF＝⑫□，CC′⊥⑩□

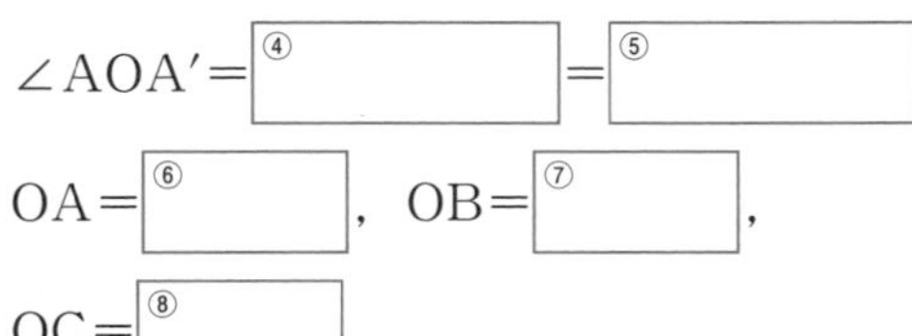

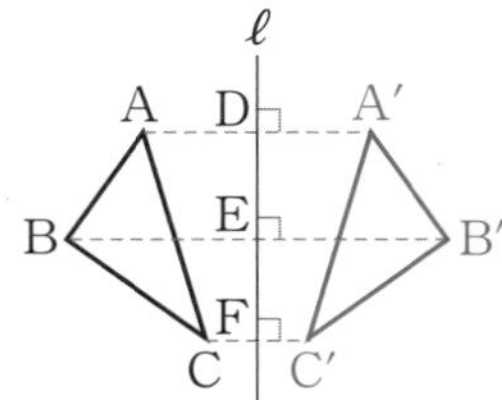

復習メモ

〈平行移動〉
一定の方向に一定の距離だけずらす移動。

〈回転移動〉
ある点を中心として一定の角度だけ回す移動。特に，180°の回転移動を点対称移動という。

〈対称移動〉
ある直線を折り目として折り返す移動。折り目とした直線を対称の軸という。

それぞれの移動の性質をまとめて覚えておこう！

3 基本の作図

(1) 線分 AB の ①［　　　　］

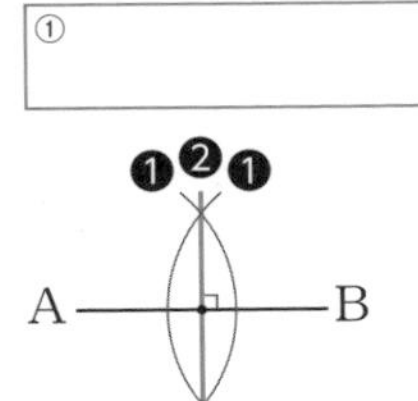

(2) ∠AOB の ②［　　　　］

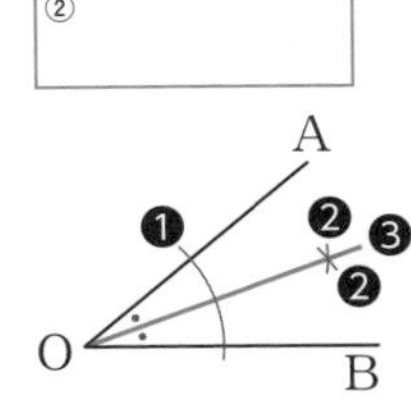

(3) 点Aを通る ℓ の ③［　　　　］

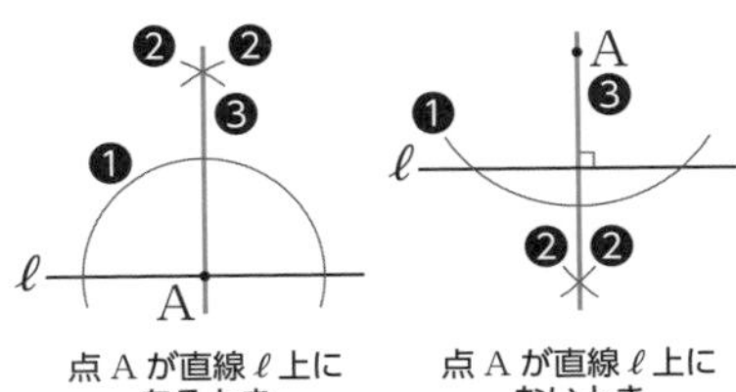

4 作図の応用

(1) 2 点から等しい距離にある点，
2 点が重なる折り目
… ①［　　　　］の作図を利用。

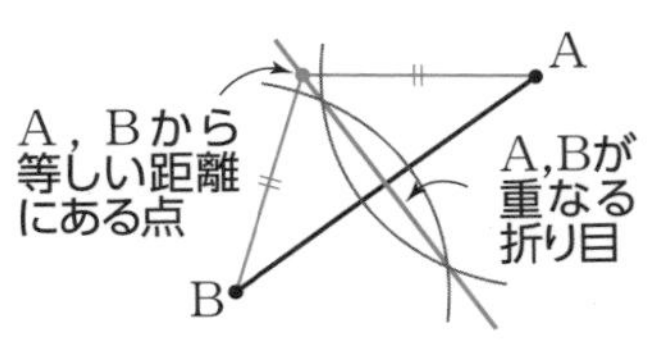

(2) 2 辺から等しい距離にある点，
2 辺が重なる折り目
… ②［　　　　］の作図を利用。

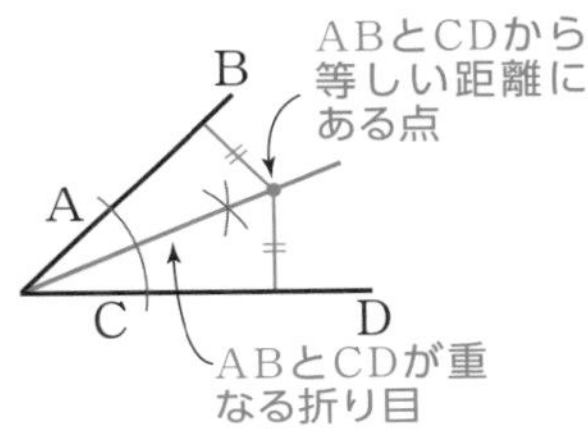

5 円

(1) 円の中心の作図

❶ 円の ①［　　　　］を 2 本ひく。

❷ ❶のそれぞれの ②［　　　　］をひくと，その交点が円の中心になる。

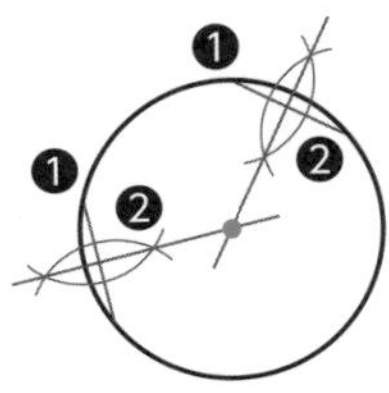

(2) 円の接線の作図

❶ 円の ③［　　　　］と接点を結ぶ。

❷ 接点を通る，❶の半直線の ④［　　　　］が，円の接線になる。

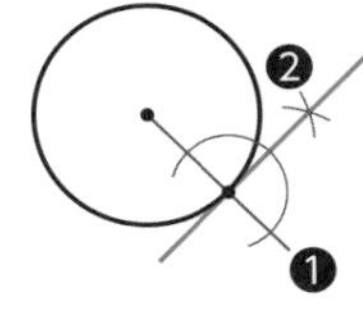

(3) 2 辺に接する円の作図

❶ 接点を通る，辺の ⑤［　　　　］をひく。

❷ 角の ⑥［　　　　］をひく。

❸ ❶，❷の交点を中心として，辺に接する円をかく。

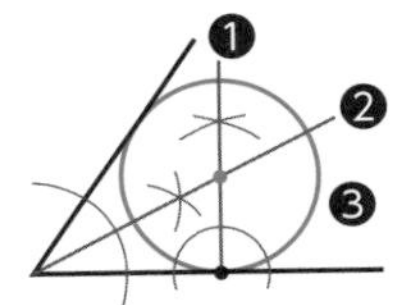

復習メモ

〈垂直二等分線の性質〉
線分 AB の垂直二等分線上の点は，2 点 A，B から等しい距離にある。逆に，2 点 A，B からの距離が等しい点は，線分 AB の垂直二等分線上にある。

復習メモ

〈角の二等分線の性質〉
∠AOB の二等分線上の点は，半直線 OA，OB から等しい距離にある。逆に，半直線 OA，OB からの距離が等しい点は，∠AOB の二等分線上にある。

復習メモ

円の弦の垂直二等分線は円の対称の軸となり，円の中心を通る。

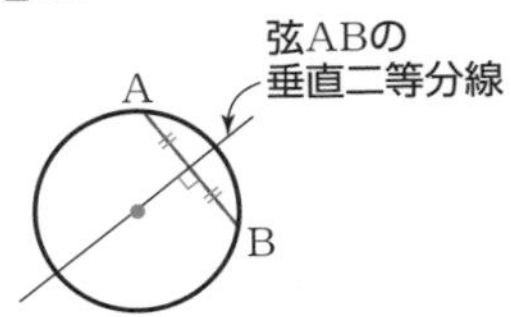

復習メモ

円の接線は，接点を通る半径に垂直である。

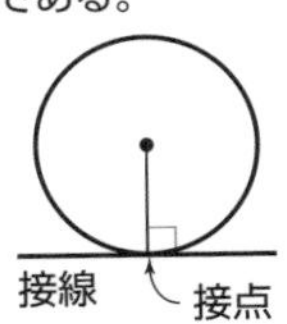

Try! －応用問題－

解答 ➡ 別冊 p.9

1 右の図の三角形を，次のように移動させてできる三角形をかきなさい。

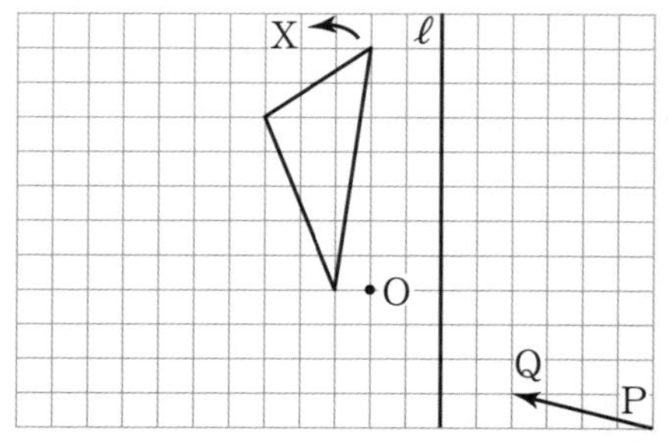

(1) 矢印 PQ の方向に線分 PQ の長さだけ平行移動
(2) 点Oを中心として，矢印Xの方向に 90° 回転移動
(3) 直線 ℓ を対称の軸として対称移動

2 右の図のように，長方形 ABCD を 8 個の合同な直角三角形に分けた。次の三角形を答えなさい。

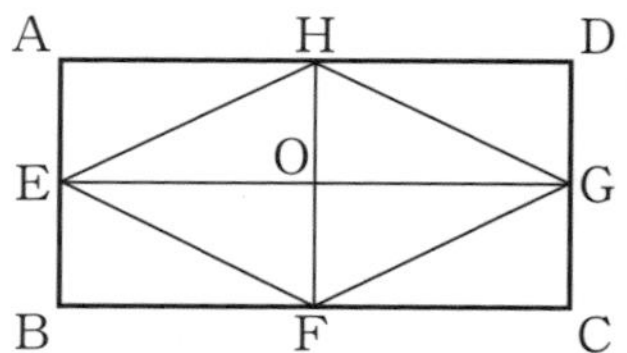

(1) △AEH を平行移動して重なる三角形を答えなさい。

(2) △AEH を，点Oを中心として回転移動して重なる三角形を答えなさい。

(3) △AEH を 1 回だけ対称移動して重なる三角形と，そのときの対称の軸を答えなさい。

3 下の図の △ABC について，次の点を作図しなさい。

(1) 3 点 A，B，C から等しい距離にある点P

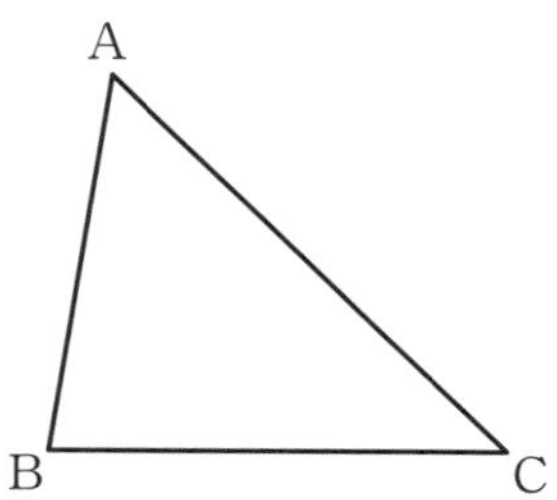

(2) 3 辺 AB，BC，CA から等しい距離にある点 Q

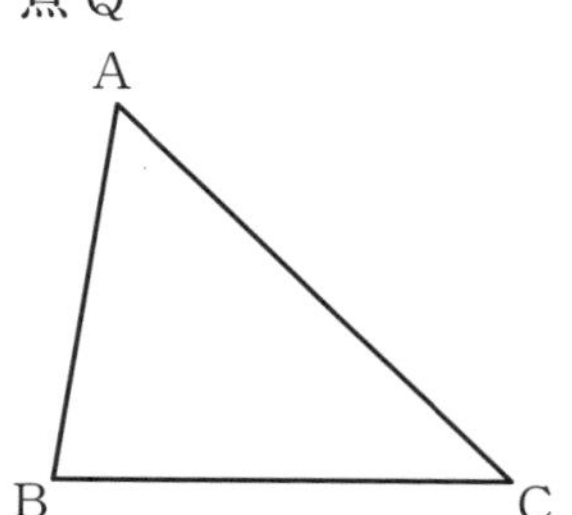

4 右の図の四角形 ABCD を次のように折ったときに折り目となる線を作図しなさい。

(1) 点Bが点Dに重なるように折る。
(2) 辺 AB が辺 CD に重なるように折る。

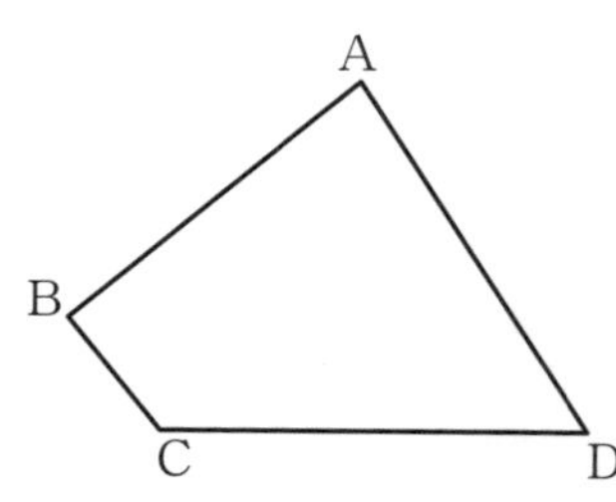

5 右の図の線分 AB を 1 辺とする正方形を作図しなさい。

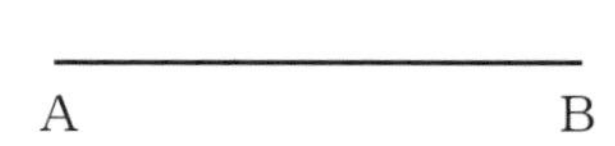

6 右の図の 3 点 A，B，C を通る円を作図しなさい。

B

7 右の図の円 O の接線のうち，直線 ℓ に平行なものを 2 本作図しなさい。

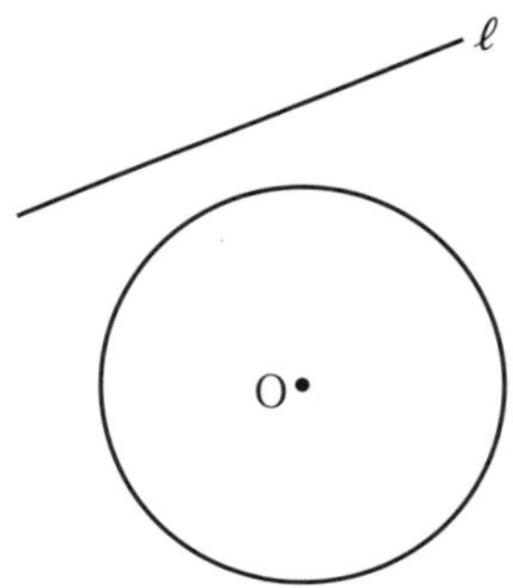

8 右の図の線分 AB を弦にもち，直線 ℓ 上の点 P で ℓ に接する円を作図しなさい。

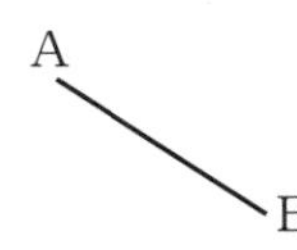

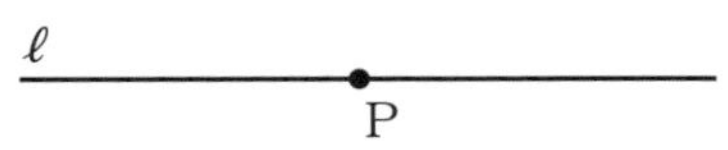

9 空間図形

Check! －基本問題－

解答 ➡ 別冊 p.10

□にあてはまる数や式，ことばを書きなさい。

1 直線や平面の位置関係

右の図のような三角柱がある。

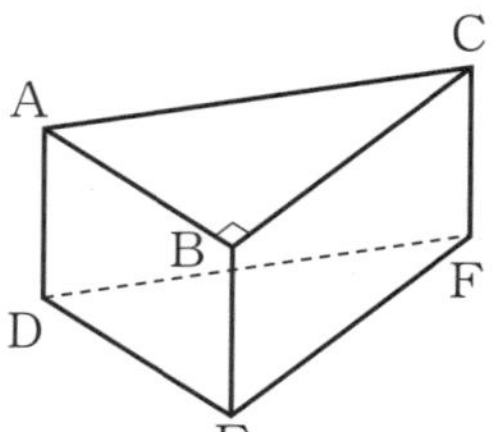

(1) 直線 AB と垂直な直線は

直線 ①□

(2) 直線 BC とねじれの位置にある直線は

直線 ②□

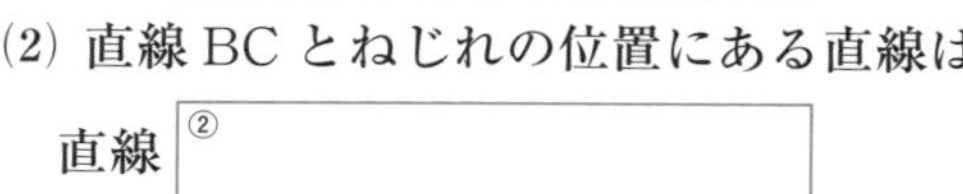

(3) 直線 BE と平行な平面は平面 ③□

(4) 平面 DEF と平行な平面は平面 ④□

復習メモ

〈2 直線の位置関係〉

・交わっているか平行である 2 直線は，同じ平面上にある。

・交わっておらず平行でもない 2 直線を，ねじれの位置にあるといい，このとき 2 直線は同じ平面上にない。

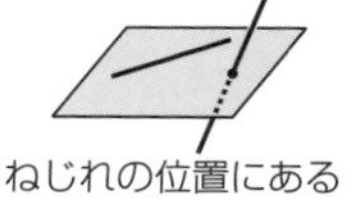

2 回転体

右の図のように，直角二等辺三角形を，直線 ℓ を軸として 1 回転させると立体ができる。この立体を，直線 ℓ に垂直な平面で切ると，切り口は ①□ になり，直線 ℓ をふくむ平面で切ると，切り口は ②□ になる。

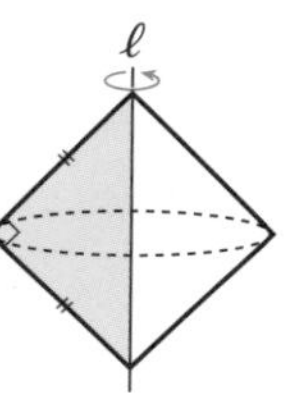

アドバイス

2 回転体の切り口

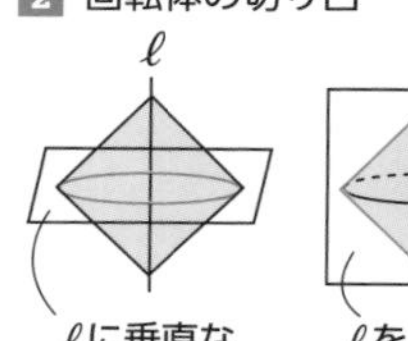

3 投影図

立体を正面から見た図を ①□，真上から見た図を ②□ といい，まとめて投影図という。右の投影図は，立面図が三角形，平面図が長方形なので，③□ を表している。

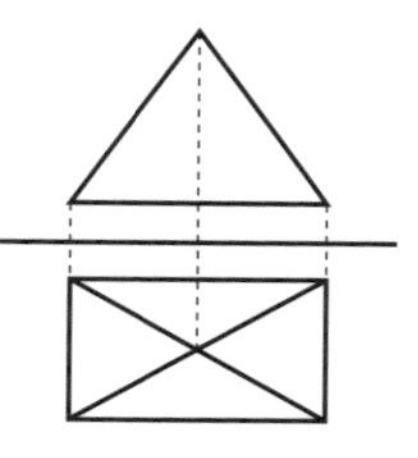

回転体や投影図から，立体の体積や表面積が求められるようになろう。

4 立体の体積

問　右の図の円錐の体積を求めなさい。

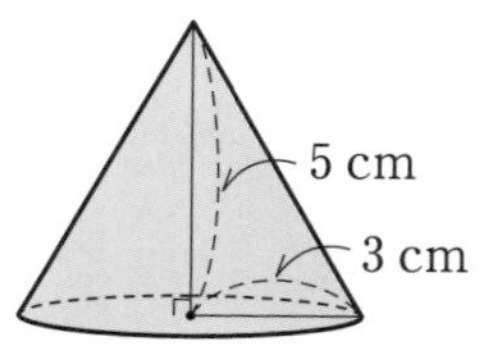

解答 底面積は，$\pi \times 3^2 =$ ①□ (cm^2)

よって体積は，$\frac{1}{3} \times$ ①□ $\times 5$

$=$ ②□ (cm^3)　…答

復習メモ

・(角柱・円柱の体積)＝(底面積)×(高さ)

・(角錐・円錐の体積)＝$\frac{1}{3}$×(底面積)×(高さ)

5 おうぎ形の弧の長さ・面積

問　半径 6 cm，中心角 120° のおうぎ形の弧の長さと面積を求めなさい。

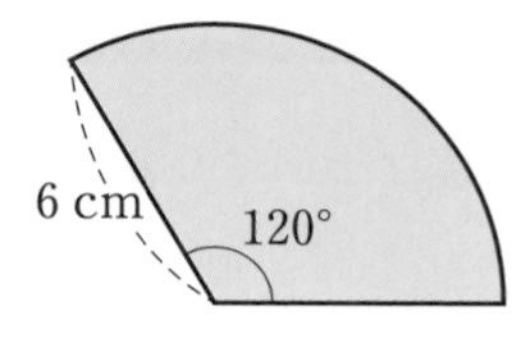

解答 $\frac{120}{360}=$ [①] より，

おうぎ形の弧の長さは，$2\pi\times6\times$ [①] = [②] (cm)

おうぎ形の面積は，$\pi\times6^2\times$ [①] = [③] (cm^2)

> **復習メモ**
> 半径 r，中心角 $a°$ のおうぎ形の弧の長さを ℓ，面積を S とすると，
> $\ell=2\pi r\times\frac{a}{360}$
> $S=\pi r^2\times\frac{a}{360}=\frac{1}{2}\ell r$

6 円柱の表面積

問　底面の半径が 4 cm，高さが 7 cm の円柱の表面積を求めなさい。

解答 底面積は，

$\pi\times4^2=$ [①] (cm^2)

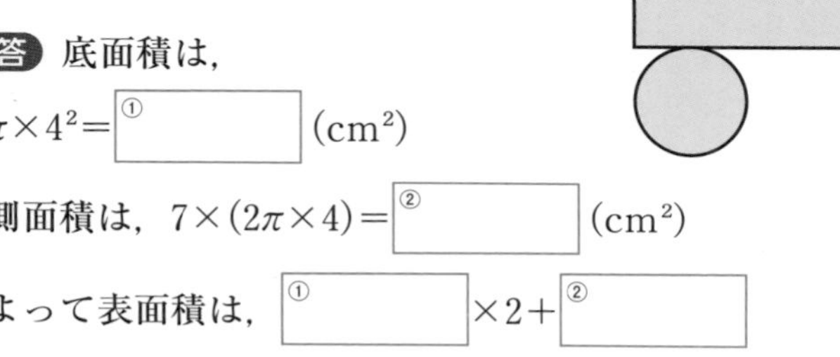

側面積は，$7\times(2\pi\times4)=$ [②] (cm^2)

よって表面積は，[①] ×2+ [②]

= [③] (cm^2)　…答

> **復習メモ**
> 立体の表面積
> ・角柱・円柱
> …(底面積)×2+(側面積)
> ・角錐・円錐
> …(底面積)+(側面積)

> **アドバイス**
> **6** 側面の長方形の横の長さは，底面の円周の長さと等しい。

7 円錐の表面積

問　底面の半径が 3 cm，母線の長さが 5 cm の円錐の表面積を求めなさい。

解答 底面積は，

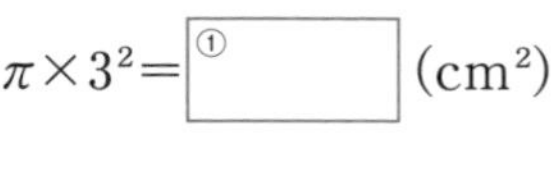

$\pi\times3^2=$ [①] (cm^2)

側面のおうぎ形の弧の長さは，$2\pi\times3=$ [②] (cm)

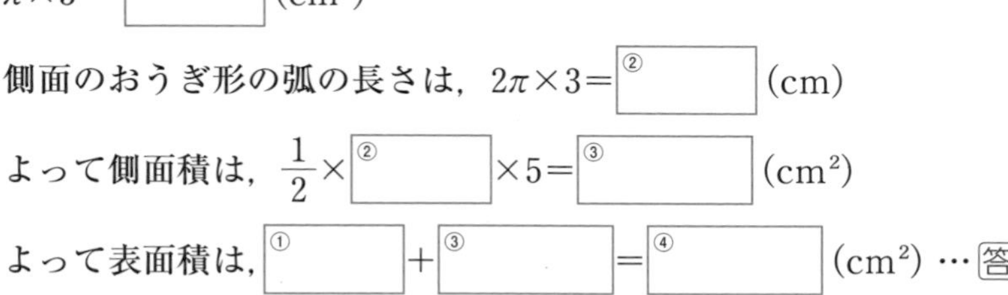

よって側面積は，$\frac{1}{2}\times$ [②] $\times5=$ [③] (cm^2)

よって表面積は，[①] + [③] = [④] (cm^2) …答

> **復習メモ**
> 円錐の側面はおうぎ形になる。おうぎ形の弧の長さは底面の円周の長さと等しく，半径は円錐の母線の長さと等しい。

> **アドバイス**
> **7** 円錐の側面積を求めるときは，弧の長さ ℓ，半径 r のおうぎ形の面積が $\frac{1}{2}\ell r$ であることが利用できる。

8 球の体積・表面積

半径 6 cm の球の体積は，$\frac{4}{3}\times\pi\times6^3=$ [①] (cm^3)

表面積は，$4\times\pi\times6^2=$ [②] (cm^2)

> **復習メモ**
> 半径 r の球の，
> 体積は $\frac{4}{3}\pi r^3$，表面積は $4\pi r^2$

Try! －応用問題－

解答 ➡ 別冊 p.10

1 空間内における平面や直線について，次のことがつねに正しい場合は○を，そうでない場合は×を書きなさい。

(1) 1つの直線に平行な2つの平面は平行である。
(2) 1つの直線に垂直な2つの平面は垂直である。
(3) 1つの平面に垂直な2つの直線は平行である。
(4) 1つの直線に垂直な2つの直線は平行である。

2 次の投影図で表される立体の体積を求めなさい。

(1)

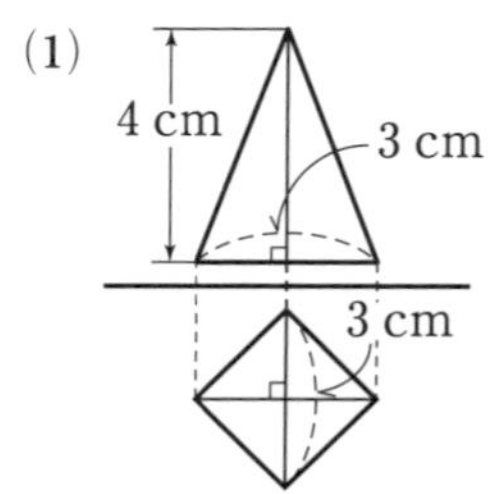

(2)

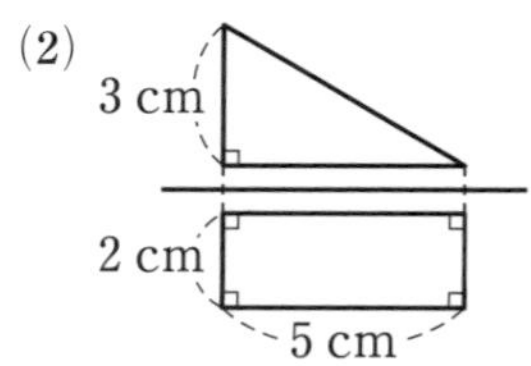

3 右の図は，半径 4 cm，中心角 45° のおうぎ形と，直径 4 cm の半円を組み合わせたものである。色のついた部分の面積を求めなさい。

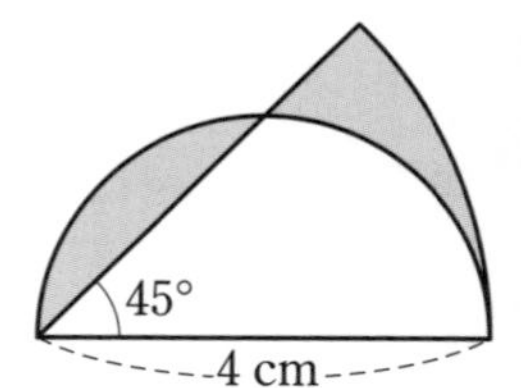

4 図1の立方体において，点Dから点Fまで，辺BCを通ってひもをかける。ひもが最も短くなるときのひもの通る線を，図2の展開図にかき入れなさい。

（図1）

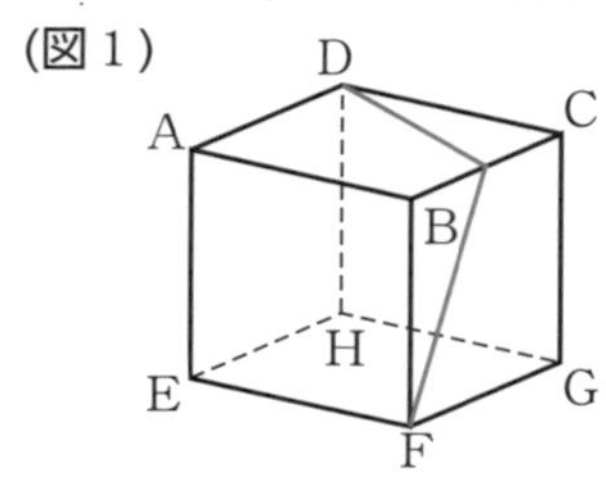

（図2）

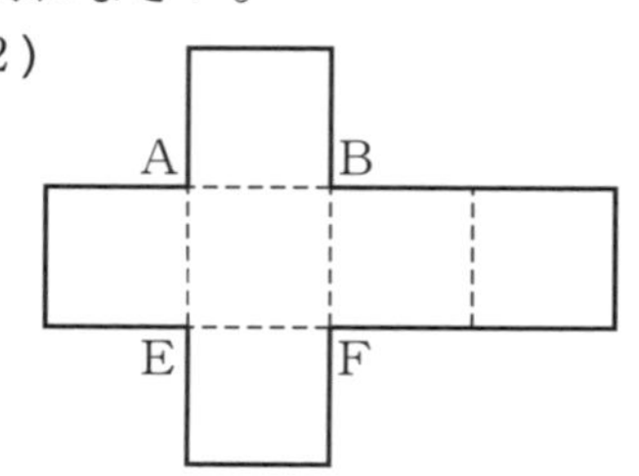

5 次の図形の表面積を求めなさい。

(1) 底面は1辺の長さが5 cmの正方形，側面は底辺が5 cm，高さが4 cmの二等辺三角形である正四角錐

(2) 半径が4 cmの球を，中心を通る平面で2等分してできた立体

6 右の図のように，底面の半径が3 cmの円錐を平面上に置き，すべらないように転がしたところ，ちょうど5回転してもとの位置にもどった。この円錐の表面積を求めなさい。

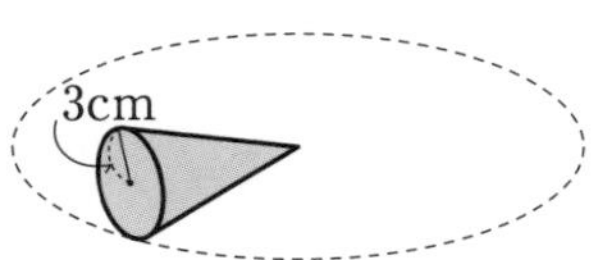

7 次の図形を，直線ℓを軸として1回転させてできる立体の体積を求めなさい。

(1)

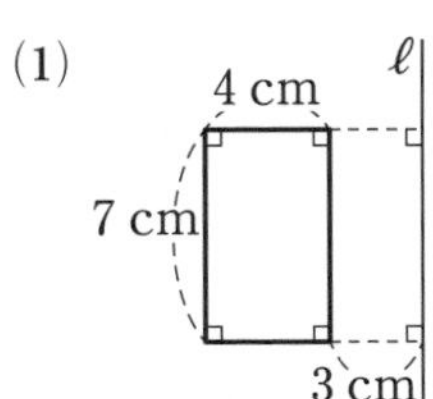

(2)

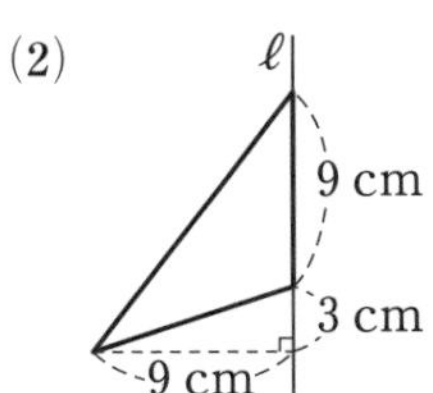

8 底面の半径が8 cm，高さが20 cmの円柱の形をした容器に水が入っている。ここに，半径が2 cmの球の形をしたビー玉を，静かに何個か沈めたところ，水面がちょうど3 cm上昇した。沈めたビー玉の個数を求めなさい。ただし，沈めたビー玉は全体が水中に収まっているものとする。

10 図形の性質と合同

Check! －基本問題－

解答 ➡ 別冊 p.10

□にあてはまる数や式，ことばを書きなさい。

1 平行線と角

右の図で，

(1) 対頂角は等しいから，$\angle a=$ ①□

また，$\ell /\!/ m$ のとき，

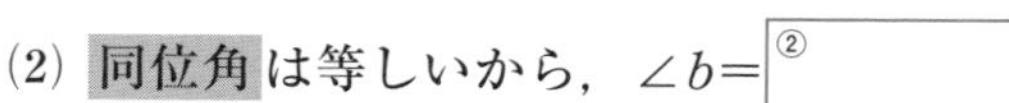

(2) 同位角は等しいから，$\angle b=$ ②□

(3) 錯角は等しいから，$\angle c=$ ③□

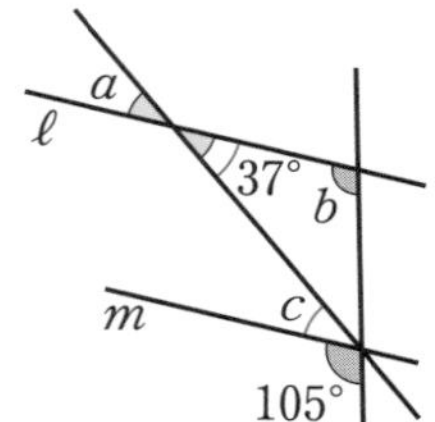

2 平行線と折れ線と角

問 右の図で $\ell /\!/ m$ のとき，$\angle x$ の大きさを求めなさい。

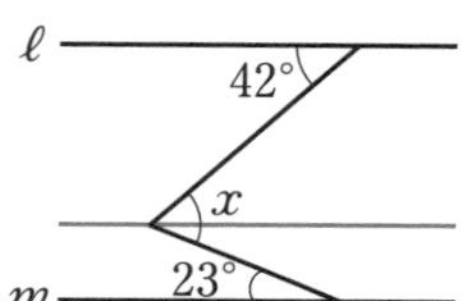

解答 ℓ，m に平行な直線をひくと，

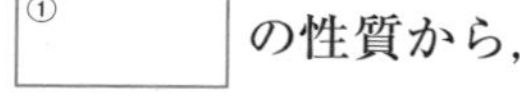

①□ の性質から，

$\angle x=42^\circ+23^\circ=$ ②□ …答

3 三角形の外角の利用

問 下の図で，$\angle x$，$\angle y$ の大きさを求めなさい。

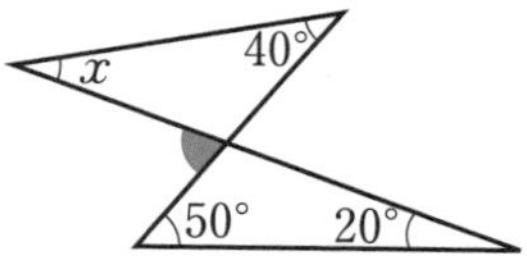

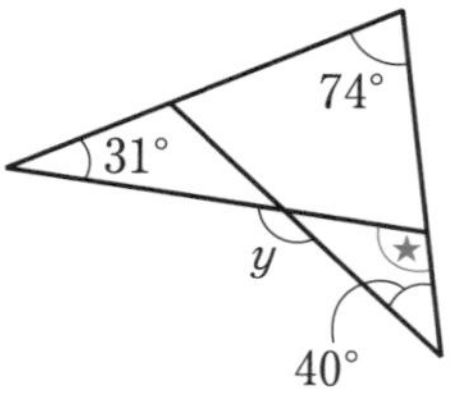

解答

$\angle x+40^\circ=50^\circ+20^\circ$

$\angle x=$ ①□ …答

$\angle y=40^\circ+★=40^\circ+(74^\circ+31^\circ)$

$=$ ②□ …答

4 多角形の内角・外角

(1) 二十角形の内角の和は，$180^\circ\times($ ①□ $-2)=$ ②□

(2) 二十角形の外角の和は ③□

復習メモ

・2つの直線が平行ならば，同位角・錯角は等しい。

・同位角・錯角が等しいならば，2つの直線は平行。

アドバイス

2 折れ線の頂点を通る平行線をひくと，錯角の性質が利用できる。

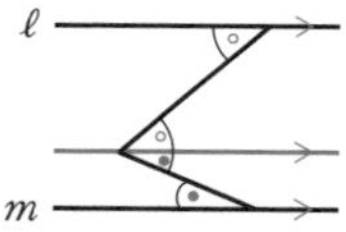

復習メモ

・三角形の内角の和は 180°

・三角形の1つの外角は，それととなり合わない2つの内角の和に等しい。

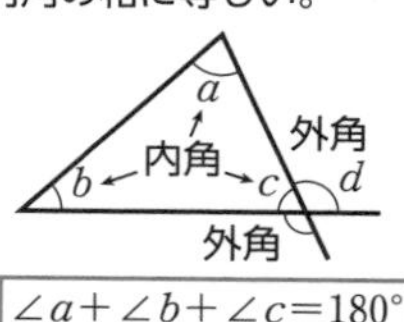

$\angle a+\angle b+\angle c=180^\circ$
$\angle a+\angle b=\angle d$

アドバイス

3 三角形の外角の利用

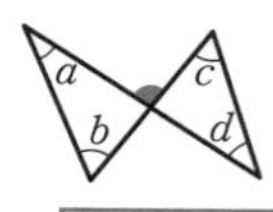

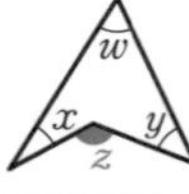

$\angle a+\angle b=\angle c+\angle d$
$\angle z=\angle w+\angle x+\angle y$

復習メモ

・n 角形の内角の和は $180^\circ\times(n-2)$

・多角形の外角の和は 360°

5 合同な図形

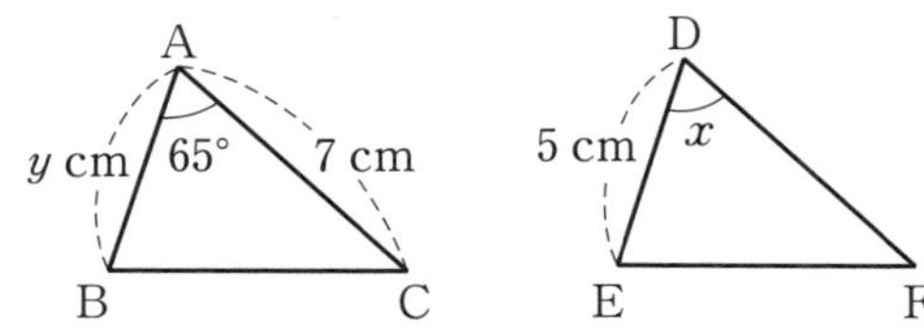

上の図で，△ABC≡△DEF であるとき，

(1) 対応する角は等しいので，∠x= ①［　　］

(2) 対応する辺は等しいので，y= ②［　　］

> **復習メモ**
> 合同な図形では，対応する線分の長さと角の大きさがそれぞれ等しい。

6 線分の長さが等しいことの証明

問　右の図で，「AB＝CB，∠BAE＝∠BCD ならば AE＝CD」を証明しなさい。

解答 △ABE と △CBD において

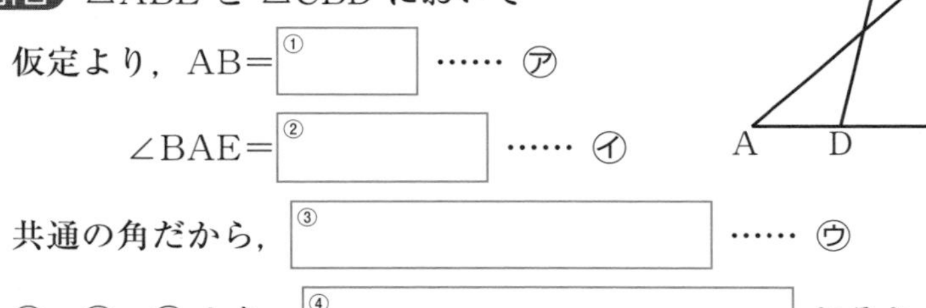

仮定より，AB= ①［　　］ …… ㋐

∠BAE= ②［　　］ …… ㋑

共通の角だから，③［　　］ …… ㋒

㋐，㋑，㋒ より，④［　　］ がそれぞれ等しいから，△ABE≡△CBD

合同な図形では，対応する線分の長さは等しいので，AE＝CD

> **アドバイス**
> 等しい線分や角の証明では，示したいものをふくむ図形の合同を考える。合同であることが示せれば，対応する線分や角が等しいという結論が導ける。

> **復習メモ**
> 〈三角形の合同条件〉
> 次のどれかが成り立つとき，2 つの三角形は合同である。
> ・3 組の辺がそれぞれ等しい
> ・2 組の辺とその間の角がそれぞれ等しい
> ・1 組の辺とその両端の角がそれぞれ等しい

7 角の大きさが等しいことの証明

問　右の図で，「AB＝CB，AD＝CD ならば ∠A＝∠C」を証明しなさい。

解答 △ABD と △CBD において

仮定より，AB= ①［　　］ …… ㋐

AD= ②［　　］ …… ㋑

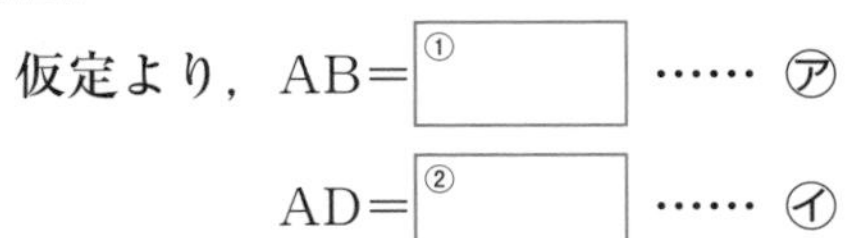

共通の辺だから，③［　　］ …… ㋒

㋐，㋑，㋒ より，④［　　］ がそれぞれ等しいから，△ABD≡△CBD

合同な図形では，対応する角の大きさは等しいので，∠A＝∠C

> **アドバイス**
> 7 ∠A＝∠C は示したい結論なので，証明の根拠に使ってはいけない。

> ∠A＝∠C をいいたい！
> →△ABD≡△CBD を証明しよう。
> →示す合同条件は……
> のように，結論を逆にたどると，証明の見通しがたてやすいよ！

Try! −応用問題−

解答 ➡ 別冊 p.10

1 次の図で，$\angle x$，$\angle y$ の大きさを求めなさい。

(1)

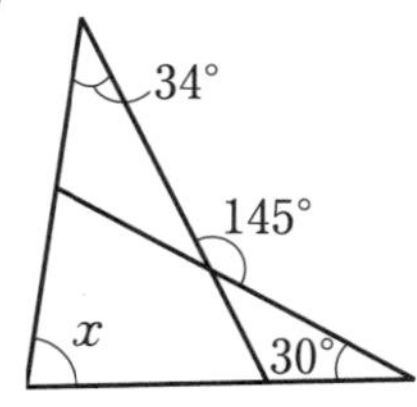

(2)

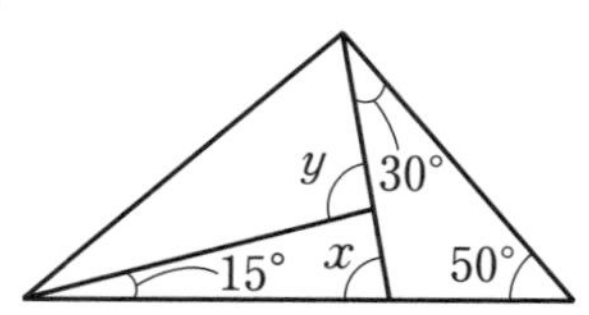

2 次の図で，$\ell /\!/ m$ のとき，$\angle x$ の大きさを求めなさい。

(1) 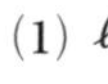

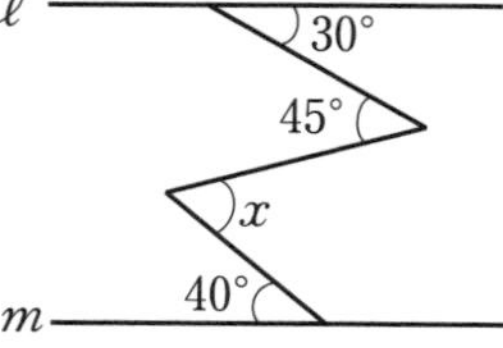

(2) 正三角形 ABC

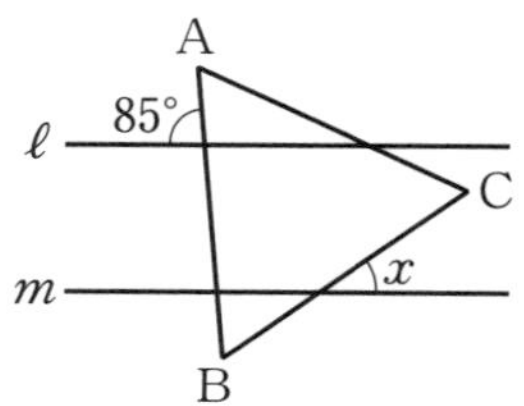

3 次の多角形の名前を答えなさい。

(1) 内角の和が 1440° となる多角形

(2) 1つの外角が 30° である正多角形

4 右の図で，$\angle x$ の大きさを求めなさい。ただし，∠ABD＝∠DBC，∠ACD＝∠DCE とする。

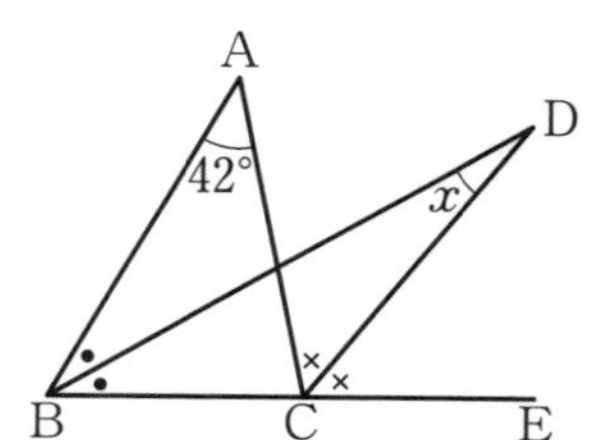

5 右の図のように，∠ABC＝40° である △ABC の辺 AB 上に点Dをとり，線分 CD を折り目として △ABC を折り返し，頂点Aが移った点を A′ とする。A′D∥BC のとき，∠A′DC の大きさを求めなさい。

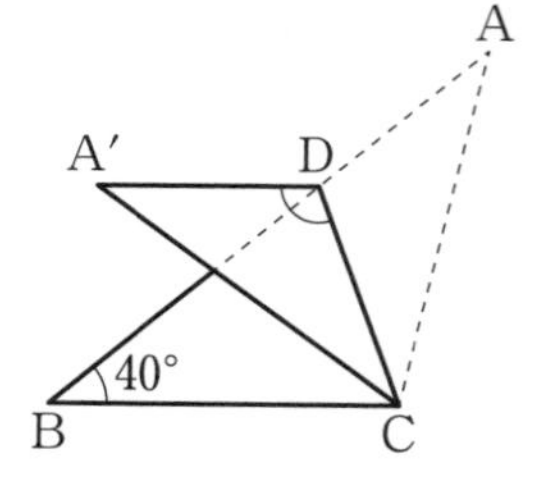

6 △ABC と △DEF が必ず合同になるものをすべて選びなさい。

ア ∠A＝∠D，AB＝DE，BC＝EF　　**イ** ∠B＝∠E，∠C＝∠F，AC＝DF
ウ ∠C＝∠F，AC＝DF，BC＝EF　　**エ** AB＝DE，BC＝EF，CA＝FD
オ ∠A＝∠D，∠B＝∠E，∠C＝∠F

7 右の図の △ABC において，点Fは辺 BC の中点である。∠BDF＝∠CEF のとき，BD＝CE であることを証明したい。

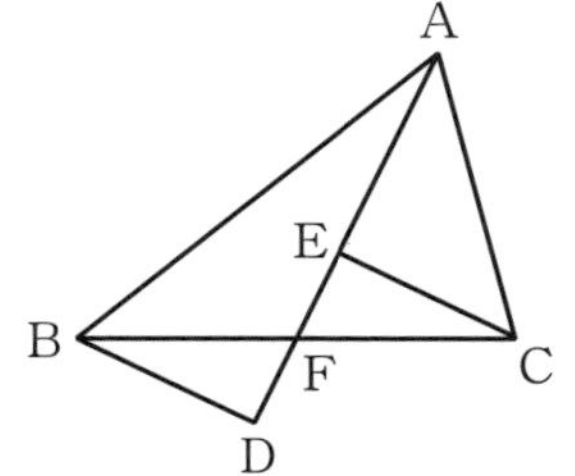

(1) どの 2 つの三角形の合同を示せばよいか，答えなさい。

(2) このことを証明しなさい。

8 右の図で，AB＝DC，AC＝DB ならば ∠BAC＝∠CDB であることを証明しなさい。

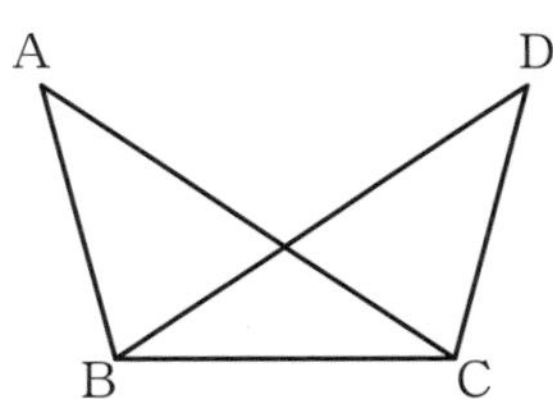

9 右の図のように，正三角形 ABC があり，辺 AC の延長上に CD＝AC となる点Dをとる。また，同じ平面上で，点Bを中心として，Dを矢印の方向に 60° 回転させた点をPとする。このとき，AB∥CP であることを証明しなさい。

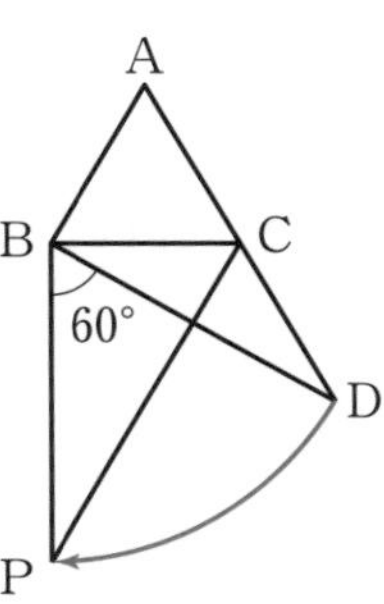

11 三角形と四角形

Check! －基本問題－

解答 ➡ 別冊 p.11

[　] にあてはまる数や式，ことばを書きなさい。

1 二等辺三角形の定理

(1) 二等辺三角形の２つの底角は等しい。
右の図で，
AB＝AC ならば [①　　　]

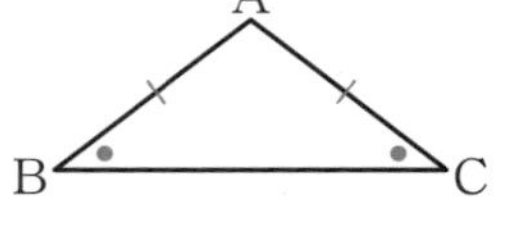

(2) 二等辺三角形の頂角の二等分線は底辺を垂直に２等分する。右の図で，
AB＝AC，∠BAD＝∠CAD ならば

[②　　　]

A
B
C
D

(3) ２つの角が等しい三角形は，二等辺三角形である。右の図で，

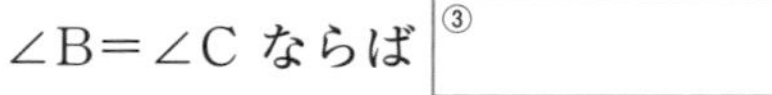
∠B＝∠C ならば [③　　　]

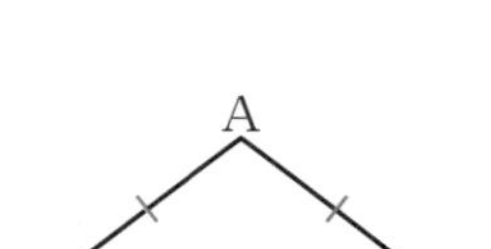

復習メモ
２辺が等しい三角形を二等辺三角形という。(定義)

アドバイス
次の性質もあわせて覚えておくとよい。
二等辺三角形において，次の４つはすべて一致する。
・頂角の二等分線
・頂点から底辺にひいた中線
・頂点から底辺にひいた垂線
・底辺の垂直二等分線

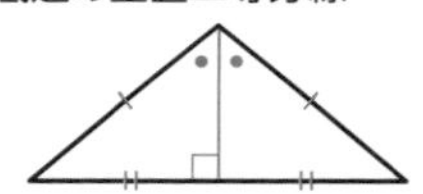

2 正三角形の定理

(1) 正三角形の３つの [①　　　] は等しい。

(2) [②　　　] が等しい三角形は，正三角形である。

復習メモ
３辺が等しい三角形を正三角形という。(定義)

3 直角三角形の合同

問 下の図で，合同な直角三角形の組とその合同条件を答えなさい。

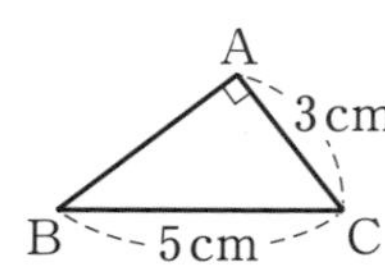

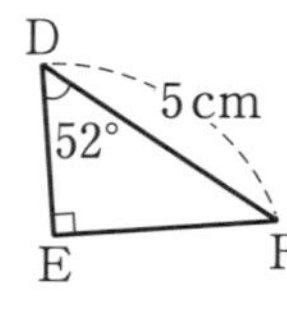

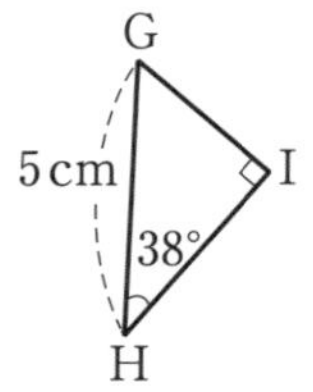

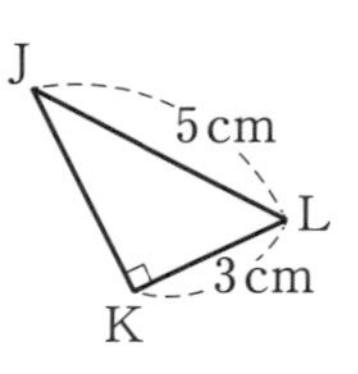

解答 [①　　　] がそれぞれ等しいから，
△ABC≡△KJL　…答
また，[②　　　] がそれぞれ等しいから，
△DEF≡△GIH　…答

復習メモ
直角三角形の合同条件
・斜辺と１つの鋭角がそれぞれ等しい
・斜辺と他の１辺がそれぞれ等しい

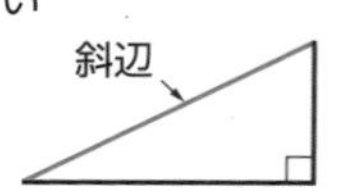

アドバイス
直角三角形の合同条件を使うときは，必ず１つの内角が直角であることを示す。

4 平行四辺形の性質（定理）

(1) 2組の ①[　　] はそれぞれ等しい。

右の図で，AD∥BC，AB∥DC ならば

AD＝②[　　]，AB＝③[　　]

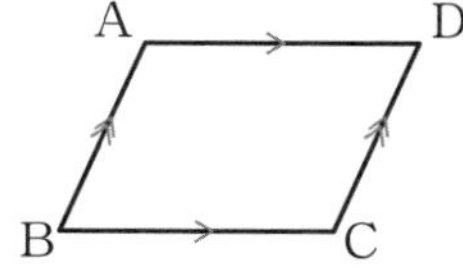

(2) 2組の ④[　　] はそれぞれ等しい。上の図で，

AD∥BC，AB∥DC ならば ∠A＝⑤[　　]，∠B＝⑥[　　]

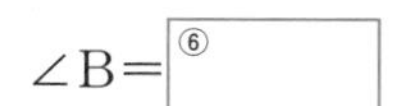

(3) 対角線はそれぞれの ⑦[　　] で交わる。

右の図で，AD∥BC，AB∥DC ならば

AO＝⑧[　　]，BO＝⑨[　　]

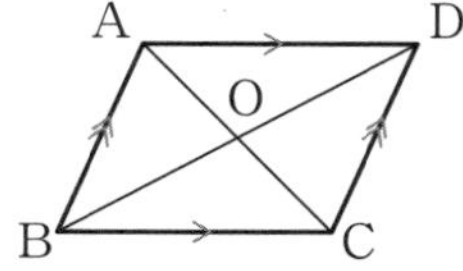

5 平行四辺形になる条件（定理）

次のどれかが成り立つ四角形は平行四辺形である。

(1) 2組の ①[　　] がそれぞれ等しい。

(2) 2組の ②[　　] がそれぞれ等しい。

(3) 対角線がそれぞれの ③[　　] で交わる。

(4) ④[　　] が平行でその ⑤[　　] が等しい。

6 特別な平行四辺形（定理）

(1) 長方形の対角線の ①[　　] は等しい。

(2) ひし形の対角線は ②[　　] に交わる。

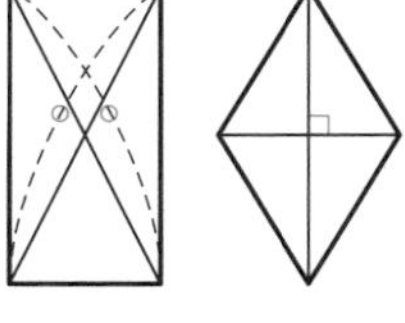

(3) 正方形の対角線は

①[　　] が等しく ②[　　] に交わる。

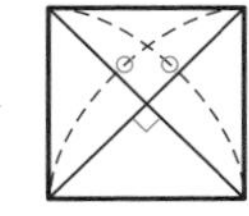

7 面積が等しい三角形

右の図で，AD∥BC のとき，

△ABC と △DBC は底辺 ①[　　] を共有して

いるので，△ABC ②[　　] △DBC

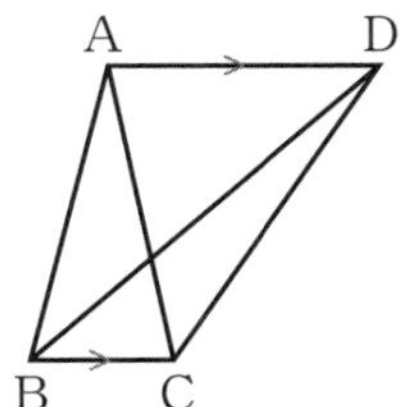

復習編

11 三角形と四角形

復習メモ

2組の対辺がそれぞれ平行な四角形を平行四辺形という。（定義）

〈定義〉を使って〈定理〉が証明されるよ。ちがいに気を付けよう。

アドバイス

5 (1)(2)(3) 平行四辺形の性質の逆である。

(4)

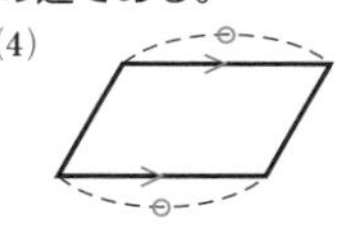

復習メモ

左の4つの条件に加えて，

2組の対辺がそれぞれ平行な四角形は平行四辺形である。（定義）

復習メモ

特別な平行四辺形

- 4つの角が等しい四角形を長方形という。（定義）
- 4つの辺が等しい四角形をひし形という。（定義）
- 4つの角が等しく，4つの辺が等しい四角形を正方形という。（定義）

復習メモ

辺BCを共有する △ABC と △DBC において，

AD∥BC ならば

△ABC＝△DBC

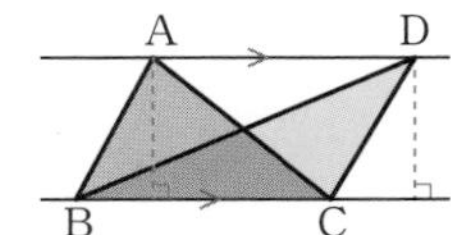

Try! −応用問題−

解答 ⇒ 別冊 p.11

1 次の図で，$\angle x$，$\angle y$ の大きさを求めなさい。

(1) AD＝AC＝BC

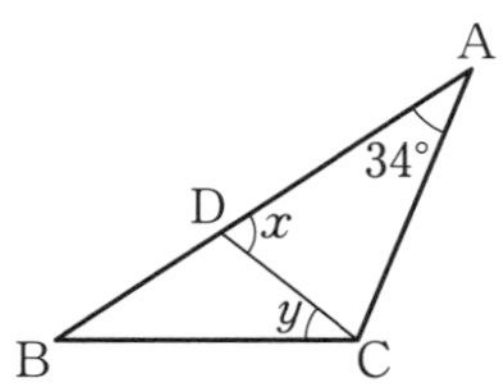

(2) AB＝AC，$\ell /\!/ m$

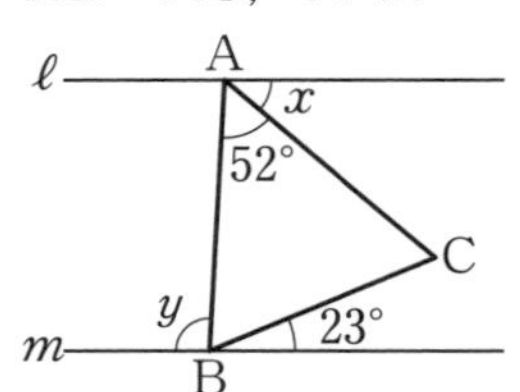

2 AB＝AC である二等辺三角形 ABC の辺 AB 上に点Dをとる。Dを通り，BC に平行な直線をひき，辺 AC との交点をEとする。このとき，BE＝CD であることを証明しなさい。

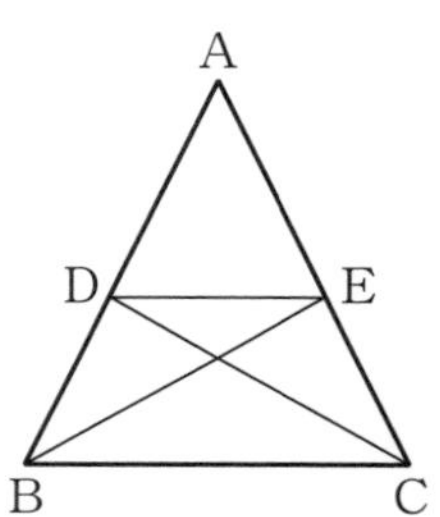

3 正三角形 ABC の辺 AB，BC，CA 上にそれぞれ点D，E，F がある。AD＝BE＝CF であるとき，∠EDF の大きさを求めなさい。

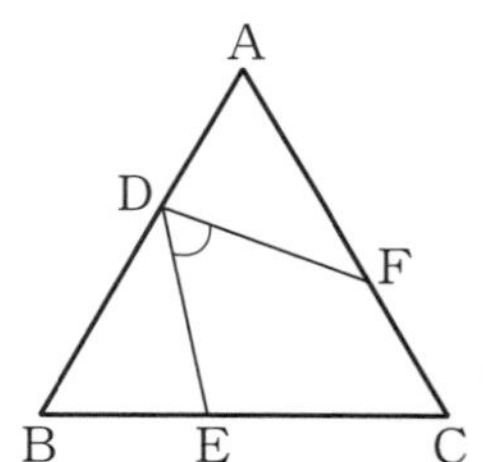

4 右の図は，長方形の紙 ABCD を，対角線 AC を折り目として折り曲げたものである。点Bの移った点がE，AD と CE の交点がFである。このとき，△AFE≡△CFD であることを証明しなさい。

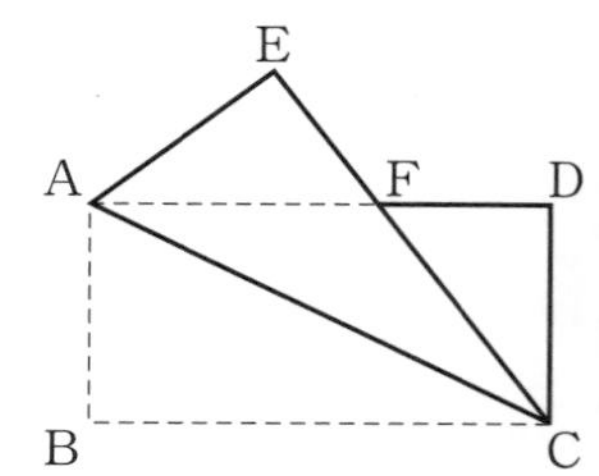

5 次の図で，$\angle x$，$\angle y$ の大きさを求めなさい。

(1) 平行四辺形 ABCD，AB＝AE

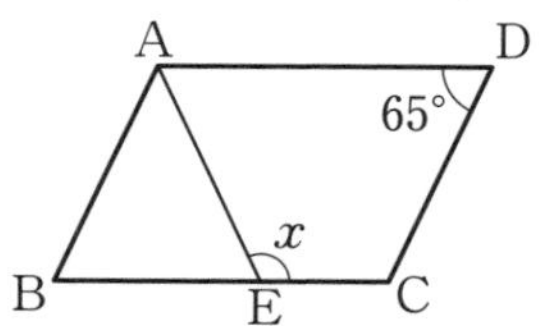

(2) ひし形ABCD，AD＝AE

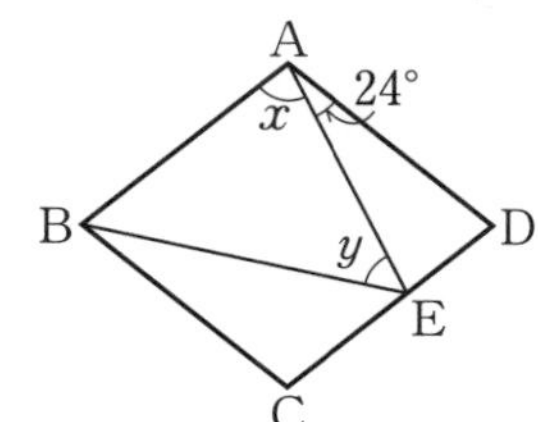

6 右の図の平行四辺形 ABCD において，$\angle$A，$\angle$D の二等分線と辺 BC の交点をそれぞれ E，F とする。AB＝4 cm，AD＝5 cm のとき，線分 EF の長さを求めなさい。

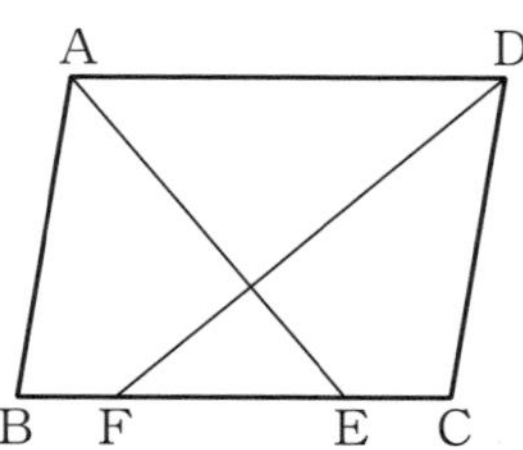

7 右の図のように，平行四辺形 ABCD があり，対角線の交点を O とする。対角線 BD 上に，OE＝OF となるように異なる 2 点 E，F をとる。このとき，△OAE≡△OCF であることを証明しなさい。

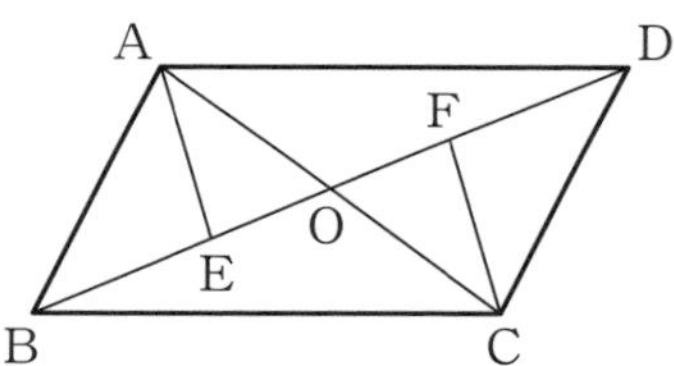

8 右の図のように，平行四辺形 ABCD の辺 BC の延長上に点 E がある。線分 AE と辺 CD の交点を F とするとき，△BCF＝△DEF であることを証明しなさい。

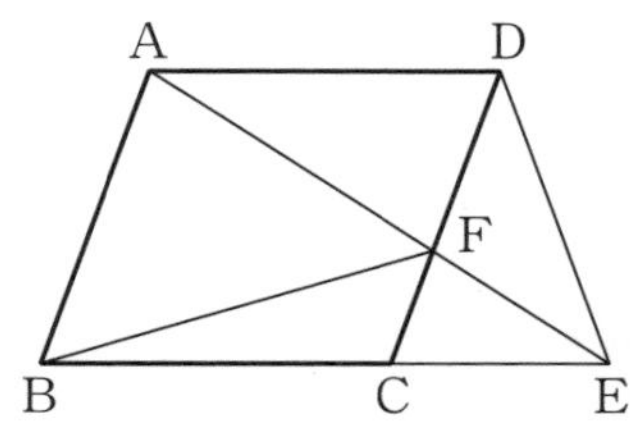

12 相似

Check! −基本問題−

解答 ➡ 別冊 p.13

□ にあてはまる数や式，ことばを書きなさい。

1 相似な図形

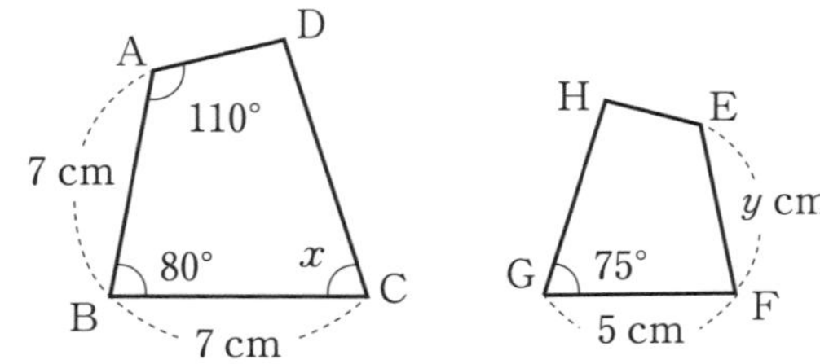

上の図で，四角形 ABCD∽四角形 EFGH であるとき，

(1) 相似比は ① □ : ② □

(2) 対応する角の大きさは等しいので，$\angle x=$ ③ □

(3) 対応する線分の長さの比は等しいので，$y=$ ④ □

2 相似な図形

問 右の図で，AC の長さを求めなさい。

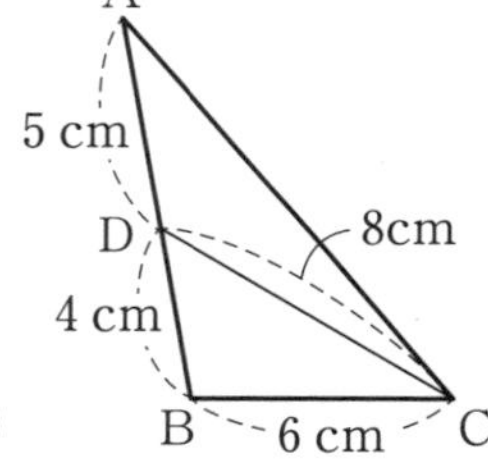

解答 △ABC と △CBD において，

AB : ① □ ＝BC : ② □

＝3 : 2 …… ㋐

また，③ □ は共通な角である。…… ㋑

㋐，㋑ より，④ □ がそれぞれ等しいから，△ABC∽△CBD

相似な図形では，対応する辺の比が等しいので，

AC : ⑤ □ ＝3 : 2　AC＝ ⑥ □ cm　…答

3 相似な図形の面積比，体積比

相似な 2 つの立体 A，B があり，その表面積の比が 16 : 9 であるとき，A と B の相似比は ① □ : ② □

A と B の体積比は ③ □ : ④ □

復習メモ

相似な図形では，対応する線分の長さの比と角の大きさがそれぞれ等しい。

復習メモ

〈三角形の相似条件〉

次のどれかが成り立つとき，2 つの三角形は相似である。

- 3 組の辺の比がすべて等しい
- 2 組の辺の比とその間の角がそれぞれ等しい
- 2 組の角がそれぞれ等しい

アドバイス

2 相似な図形では対応する辺の比や角の大きさが等しくなることを利用して，比例式を用いる。

復習メモ

- 2 つの図形の相似比が $m : n$ のとき，面積比は $m^2 : n^2$
- 2 つの立体の相似比が $m : n$ のとき，表面積の比は $m^2 : n^2$，体積比は $m^3 : n^3$

4 三角形と線分の比

問 下の図で DE∥BC のとき，x，y の値を求めなさい。

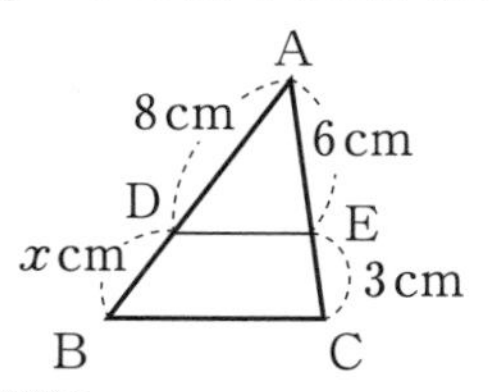

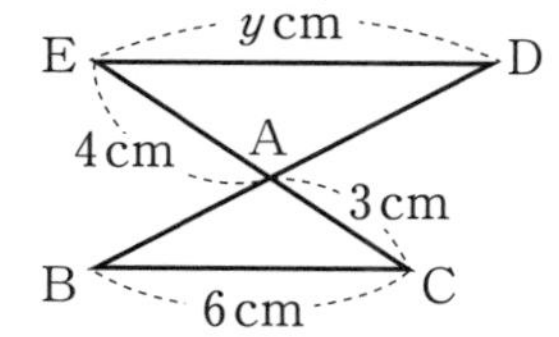

解答

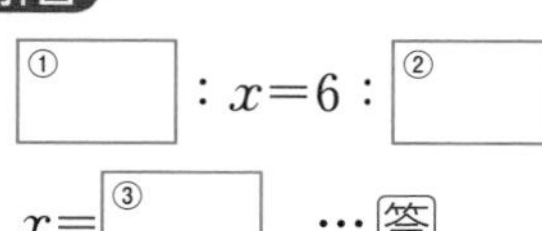

①　：x＝6：②

x＝③　…答

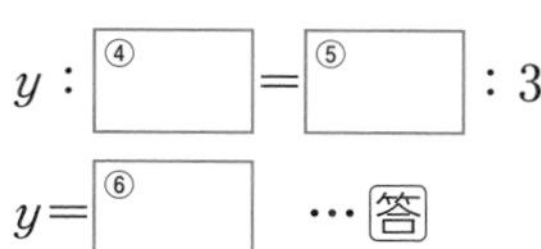

y：④　＝⑤　：3

y＝⑥　…答

5 中点連結定理

右の図で BD＝DA，BE＝EC のとき，

DE∥①　が成り立ち，また，

DE＝$\frac{1}{2}$AC＝②　cm となる。

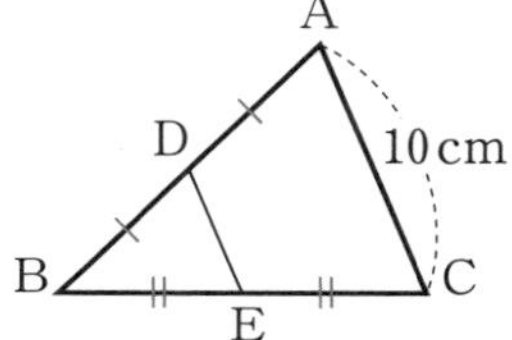

6 平行線と線分の長さ

右の図で ℓ∥m∥n のとき，

6：①　＝x：②

x＝③

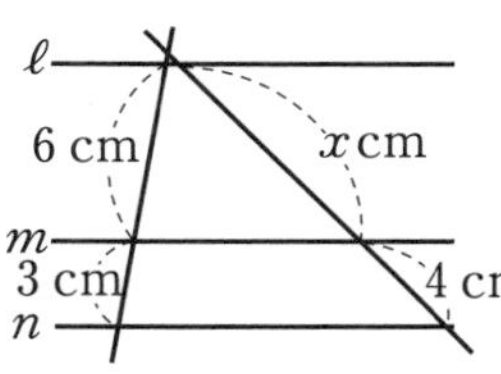

7 線分の比と面積

右の平行四辺形 ABCD において，

ED∥BC より，

EF：FC＝ED：BC＝①　：②

よって，△BEF と △BCF の面積比は，

△BEF：△BCF＝③　：④

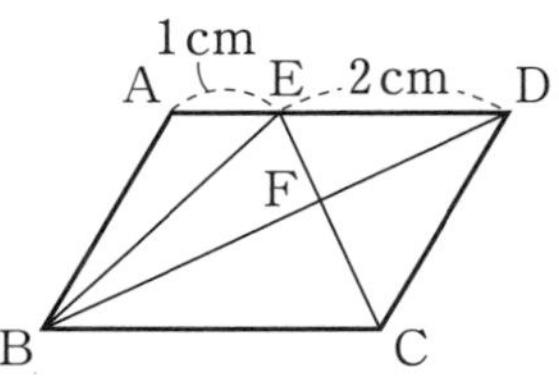

8 角の二等分線と線分の長さ

右の図で ∠BAD＝∠CAD のとき，

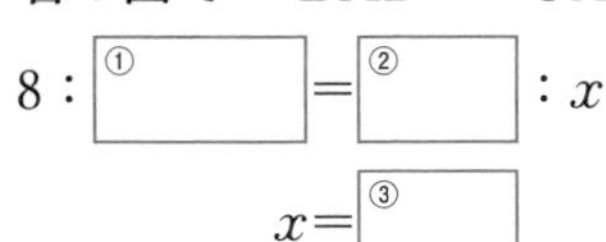

8：①　＝②　：x

x＝③

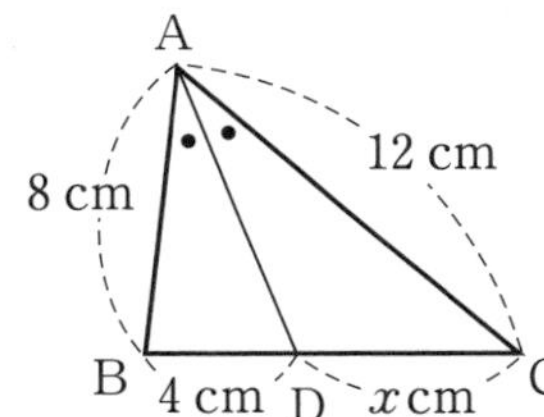

復習メモ

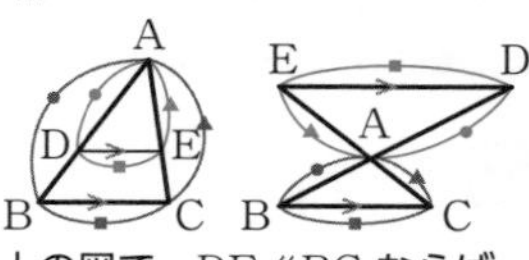

上の図で，DE∥BC ならば，

AD：AB＝AE：AC

＝DE：BC

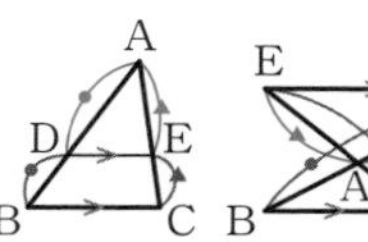

上の図で，DE∥BC ならば，

AD：DB＝AE：EC

復習メモ

〈中点連結定理〉

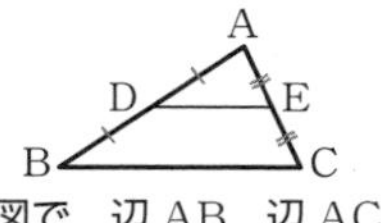

上の図で，辺 AB，辺 AC の中点を D，E とすると，

❶DE∥BC，DE＝$\frac{1}{2}$BC

❷D を通り BC に平行な直線は，E を通る。

復習メモ

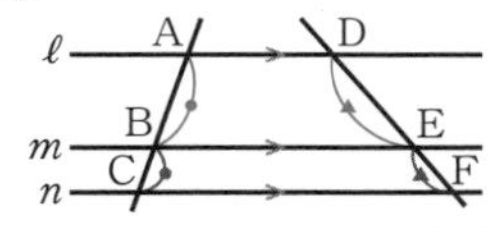

上の図で，ℓ∥m∥n ならば，

AB：BC＝DE：EF

アドバイス

7 高さが等しい 2 つの三角形の面積比は底辺の長さの比に等しい。

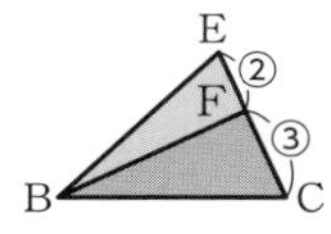

復習メモ

△ABC において，∠A の二等分線と辺 BC との交点を D とすると，

AB：AC＝BD：CD

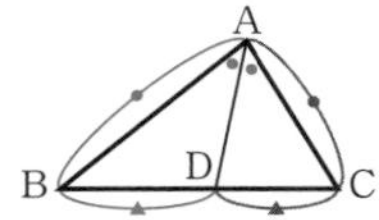

Try! －応用問題－

解答 ➡ 別冊 p.13

1 次の図で，相似な三角形の組を選び，記号∽で表しなさい。また，xの値を求めなさい。

(1)

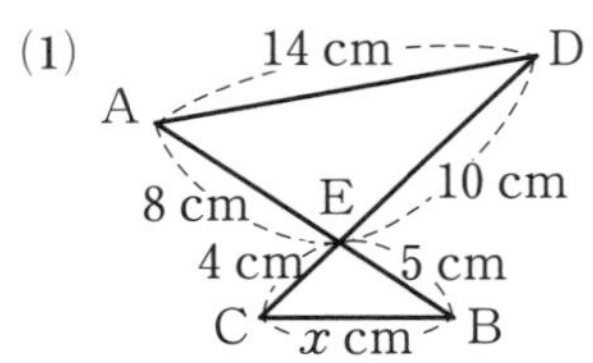

(2) ∠BAD＝∠ACD

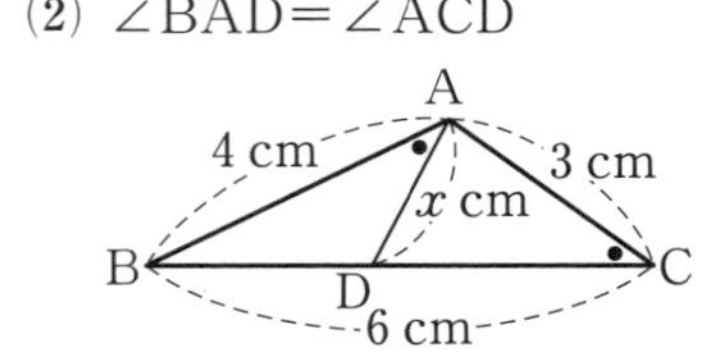

2 右の図のような平行四辺形 ABCD 上に点Eがあり，∠DAE＝∠ABE となっている。このとき，△AED∽△BAE を証明しなさい。

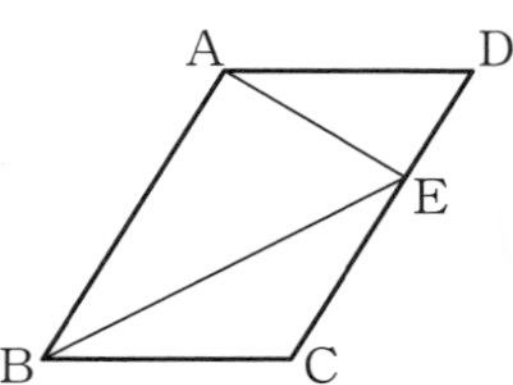

3 右の図において，△AED∽△ABC を証明しなさい。

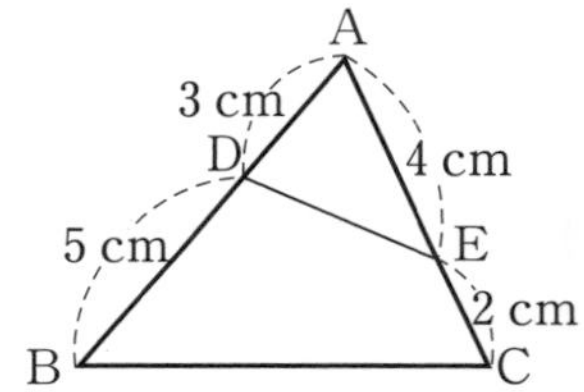

4 次の問いに答えなさい。

(1) 1辺の長さが 2 cm の正三角形Aと，1辺の長さが 5 cm の正三角形Bの，面積比を求めなさい。

(2) 2つの球があり，半径の比は 2：3 である。大きい方の球の体積が 81π cm^3 であるとき，小さい方の球の体積を求めなさい。

5 右の図のような円すい形の容器に水を入れて，水面が底面と平行になるようにしたところ，水面の高さは 5 cm になった。この容器に水を加えて，水面の高さを 10 cm にするには，容器に入っている水の量の何倍の量の水を加えればよいか，求めなさい。

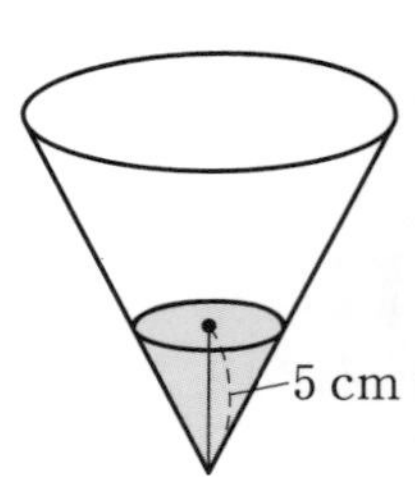

6 右の図の △ABC において，辺 AB の中点を M，辺 BC を 3 等分する点を D，E とし，線分 AE と CM の交点を F とする。MD＝4 cm であるとき，線分 AF の長さを求めなさい。

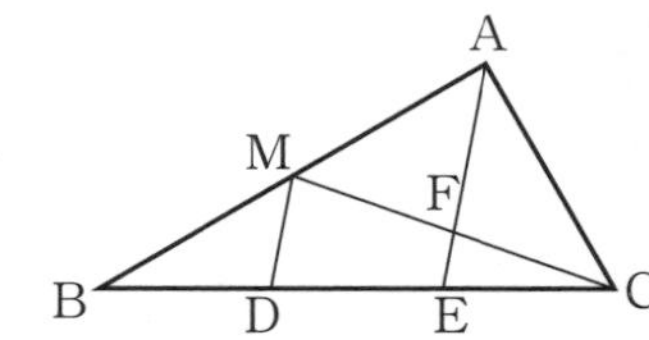

7 右の図において，AB，EF，CD は平行である。AB＝8 cm，CD＝12 cm であるとき，線分 EF の長さを求めなさい。

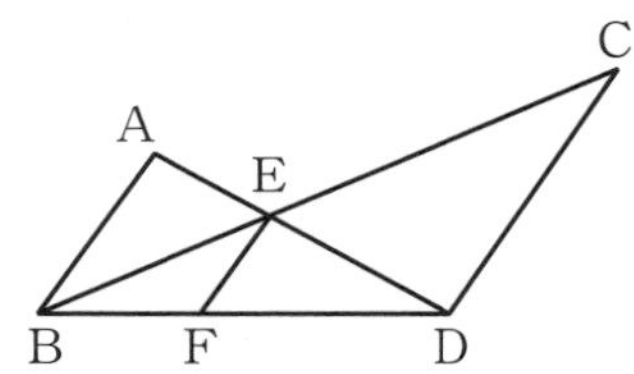

8 右の図のような，AD∥BC である台形 ABCD において，辺 AB の中点を M，M を通り辺 BC に平行な直線と辺 CD の交点を N とする。AD＝8 cm，BC＝14 cm であるとき，線分 MN の長さを求めなさい。

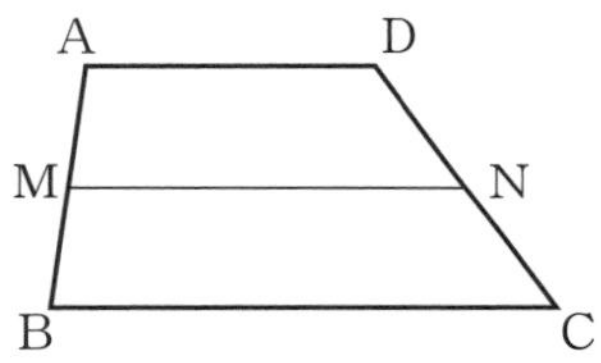

9 右の図の △ABC において，線分 AD は ∠A の二等分線であり，線分 BE は ∠B の二等分線である。AD と BE の交点を I とするとき，次のものを求めなさい。

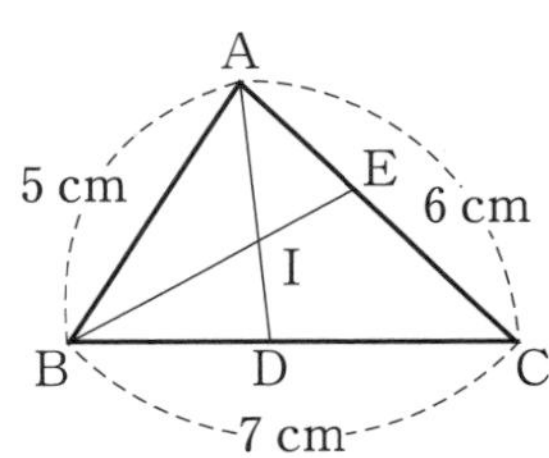

(1) BD：DC　　(2) 線分 BD の長さ

(3) AI：ID

10 地面に垂直に立っている 1 m の棒の影の長さが 1.2 m であるとき，影の長さが 6 m の木の高さを求めなさい。

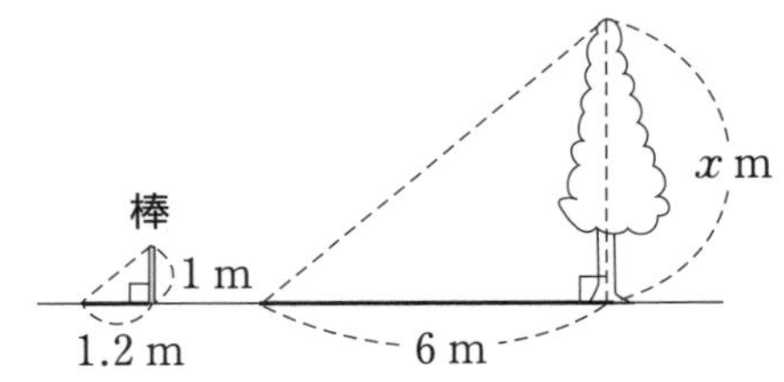

13 円

Check! −基本問題−

解答 ➡ 別冊 p.13

□ にあてはまる数や式，ことばを書きなさい。

1 円周角の定理

右の図で，

$\angle x = 49° \times$ ①□ ＝ ②□

同じ弧に対する円周角なので，$\angle y =$ ③□

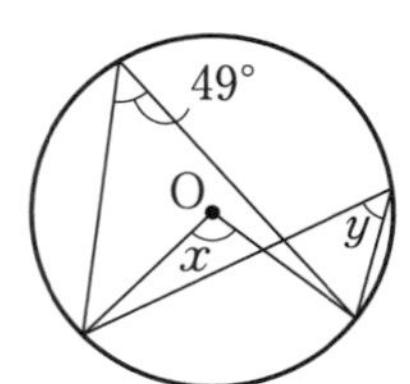

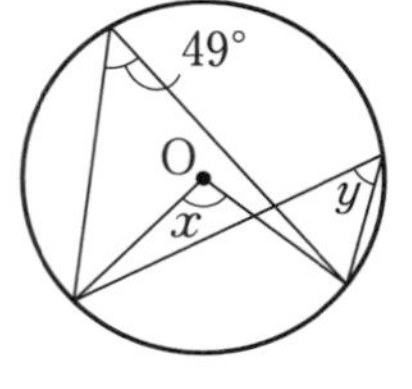

2 円周角と弧

右の図で，$\angle CAD = 18°$，
$\overset{\frown}{BC} : \overset{\frown}{CD} = 3 : 1$ のとき，

$\angle BEC : \angle CAD =$ ①□ : ②□

よって，$\angle BEC =$ ③□

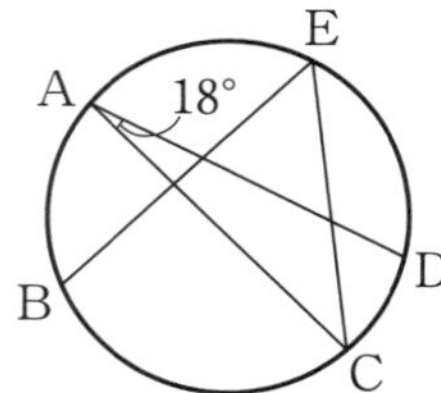

3 1つの円周上にある4点

問 右の図で，4点A，B，C，Dは1つの円周上にあることを証明しなさい。

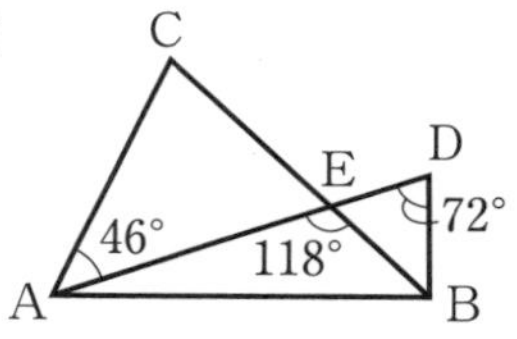

解答 △CAE において，

$\angle C = 118° -$ ①□ ＝ ②□

よって，$\angle ACB = \angle$ ③□ なので，円周角の定理の逆より，

4点A，B，C，Dは1つの円周上にある。

4 円の接線の長さ，角の大きさ

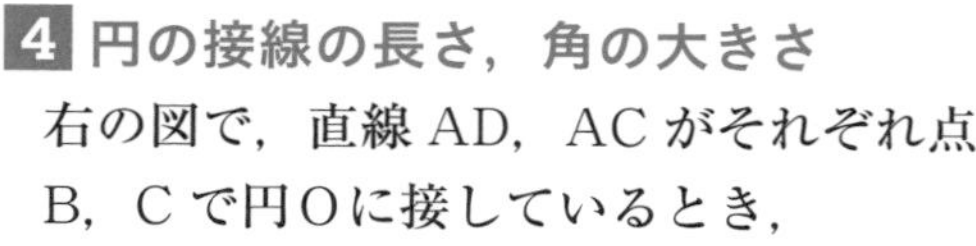

右の図で，直線AD，ACがそれぞれ点B，Cで円Oに接しているとき，

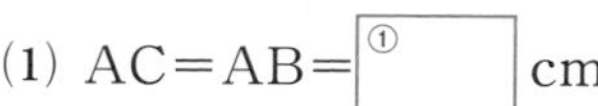

(1) AC＝AB＝①□ cm

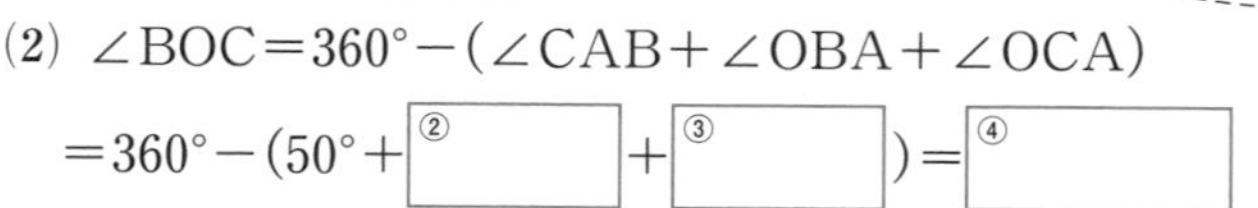

(2) $\angle BOC = 360° - (\angle CAB + \angle OBA + \angle OCA)$

$= 360° - (50° +$ ②□ ＋ ③□) ＝ ④□

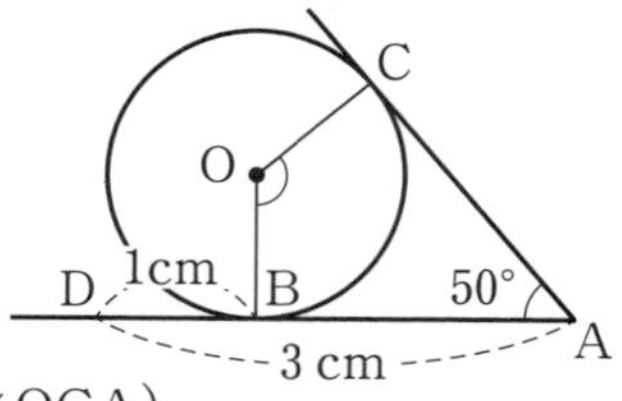

復習メモ

円周角の定理

❶ 1つの弧に対する円周角の大きさは，その弧に対する中心角の大きさの半分である。

❷ 同じ弧に対する円周角の大きさは等しい。

（図：円周角，中心角）

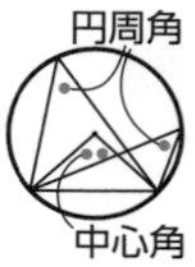

復習メモ

・円周角の大きさは，弧の長さに比例する。

・長さの等しい弧に対する円周角の大きさは等しい。

復習メモ

〈円周角の定理の逆〉

2点P，Qが，線分ABについて同じ側にあるとき，$\angle APB = \angle AQB$ ならば，4点A，B，P，Qは1つの円周上にある。

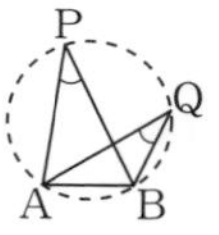

アドバイス

4 円の外部の点からその円にひいた2つの接線の長さは等しいので，AC＝AB＝AD−BD となる。

5 円と相似な三角形

下の図で，相似な三角形の組を答えなさい。

(1)

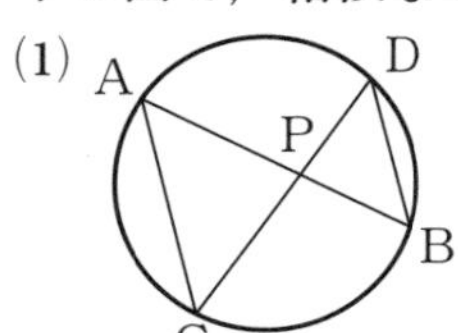

(2)

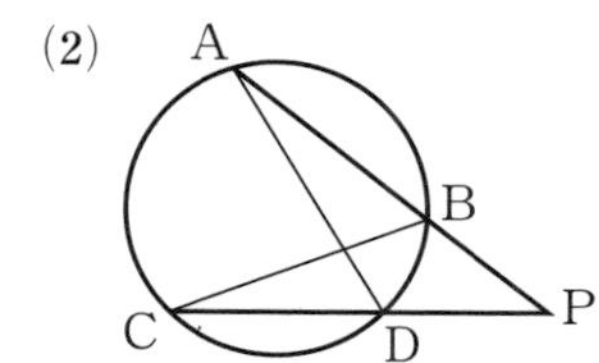

解答

(1) 2つの角がそれぞれ等しいから，△APC∽[①] …答

(2) 2つの角がそれぞれ等しいから，△APD∽[②] …答

6 円に内接する四角形と角

問　右の図で，$\angle x$，$\angle y$ の大きさを求めなさい。

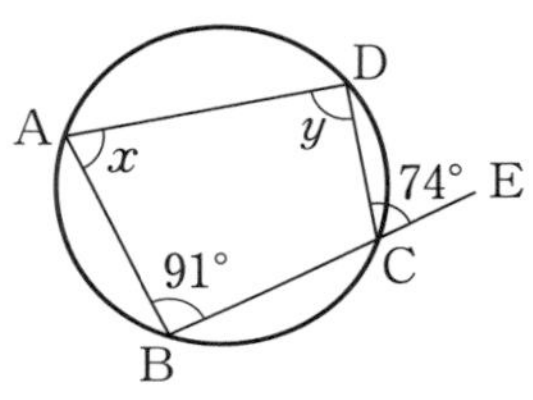

解答 $\angle x=\angle$DCE=[①]

…答

$\angle y=180°-\angle$ABC=[②]

…答

7 円の接線と弦のつくる角

右の図で，直線ATは点Aを接点とする円の接線である。このとき，

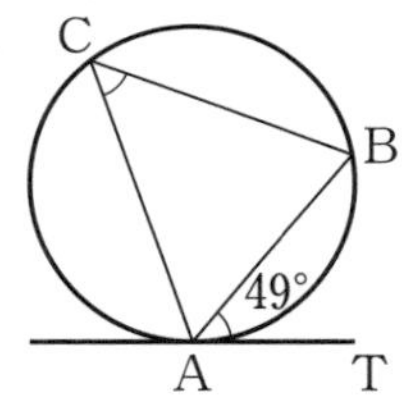

$\angle$ACB$=\angle$BAT=[①]

8 方べきの定理と線分の長さ

(1) 右の図で，

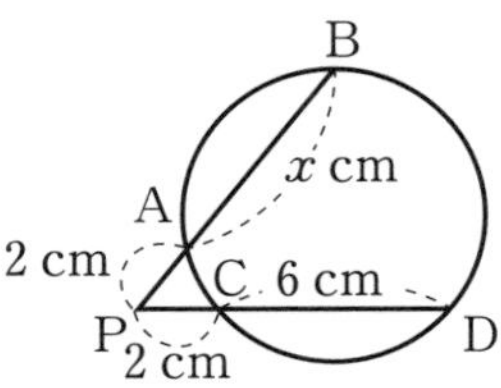

[①]$\times(2+x)=$[②]$\times(2+6)$

よって，$x=$[③]

(2) 右の図で，PCがCにおける円の接線のとき，

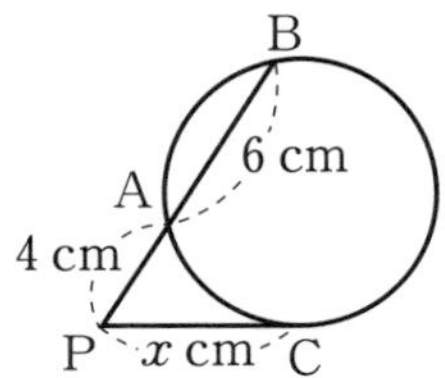

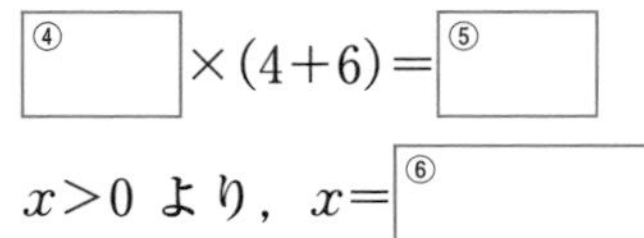

[④]$\times(4+6)=$[⑤]

$x>0$ より，$x=$[⑥]

方べきの定理は，5 の相似な三角形の辺の比から導かれる定理だよ。

アドバイス

5 (1) 対頂角が等しいから，

$\angle$APC$=\angle$DPB

円周角の定理から，

$\angle$CAP$=\angle$BDP

(2) 共通の角だから，

$\angle$APD$=\angle$CPB

円周角の定理から，

$\angle$PAD$=\angle$PCB

復習メモ

円に内接する四角形において，

- 対角の和は 180° である。
- 外角は，それととなり合う内角の対角に等しい。

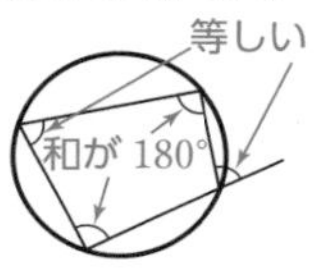

復習メモ

〈接弦定理〉

円の接線とその接点を通る弦のつくる角は，その内部にある弧に対する円周角に等しい。

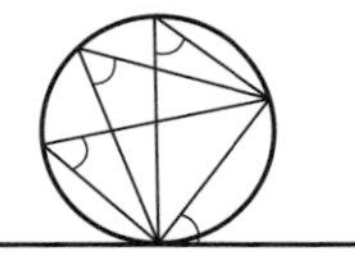

復習メモ

方べきの定理

❶下の図で，

PA×PB＝PC×PD

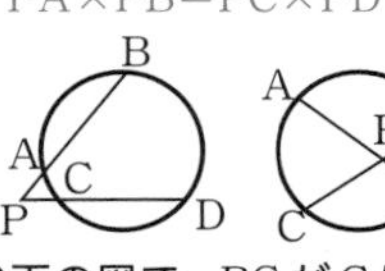

❷下の図で，PCがCにおける円の接線であるとき，

PA×PB＝PC^2

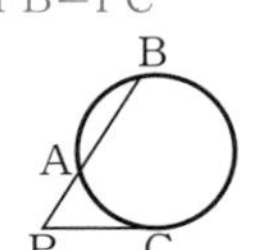

Try! −応用問題−

解答 ⇒ 別冊 p.14

1 次の図で，$\angle x$ の大きさを求めなさい。ただし，Oは円の中心である。

(1)

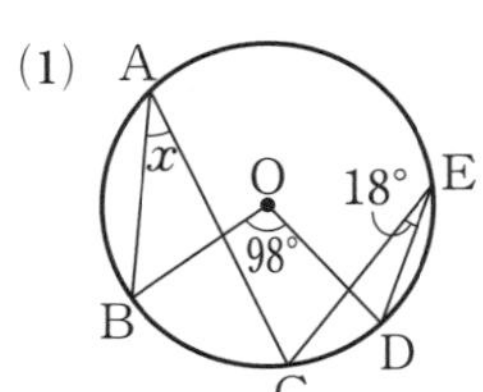

(2)

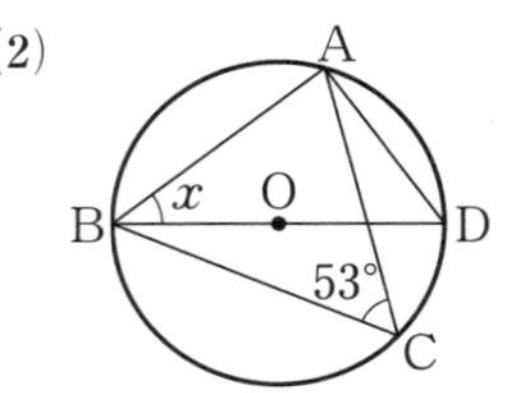

(3) $\overset{\frown}{AB}:\overset{\frown}{AD}:\overset{\frown}{CD}=2:2:1$

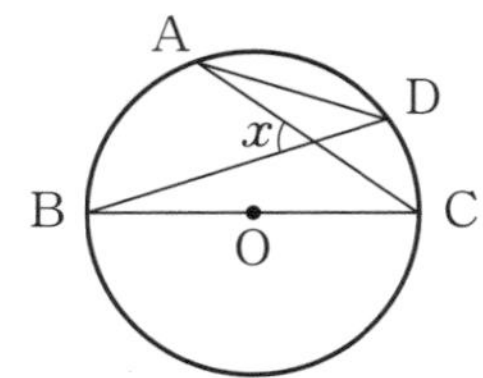

(4) AE∥BD

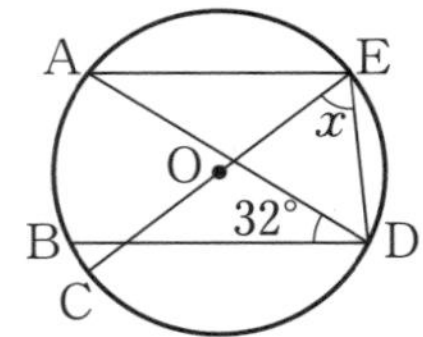

2 次の図で，$\angle x$ の大きさを求めなさい。

(1)

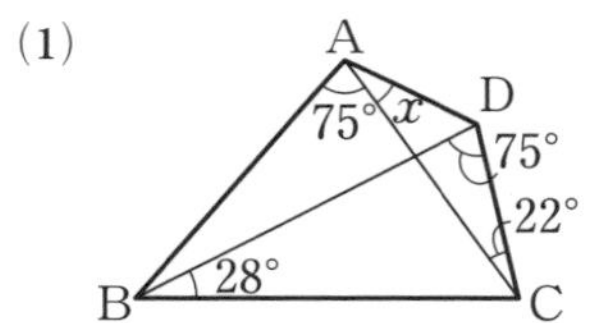

(2)

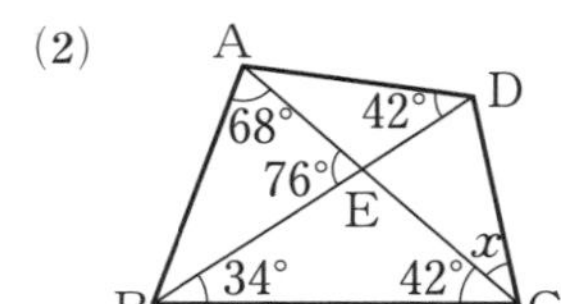

3 右の図のように，線分 AB を直径とする円Oの周上に点 C，D をとり，AC と DB の交点をE，AD と CB の交点をFとする。このとき，4点 C，D，E，F は1つの円周上にあることを証明しなさい。

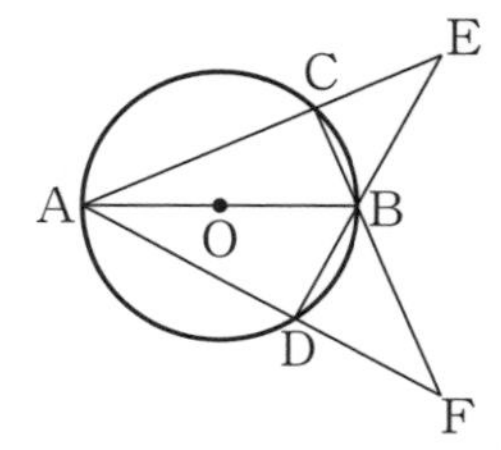

4 右の図のように，2直線 PA，PB は，それぞれ点 A，B で円Oに接している。$\angle ACB=65°$ のとき，次の角の大きさを求めなさい。

(1) $\angle OAB$

(2) $\angle APB$

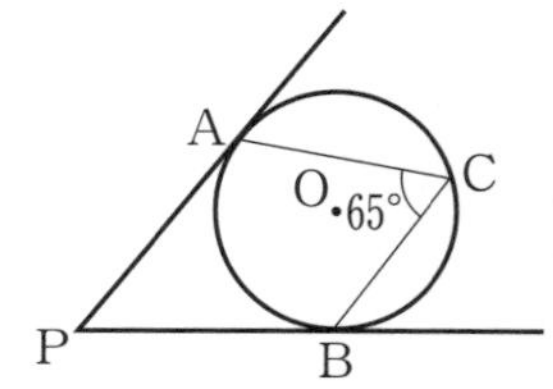

5 右の図のように，円Oの周上に4点A，B，C，Dがあり，ACは円Oの直径とする。また，線分BD上に点Eがあり，AE⊥BDとする。このとき，△ABC∽△AEDであることを証明しなさい。

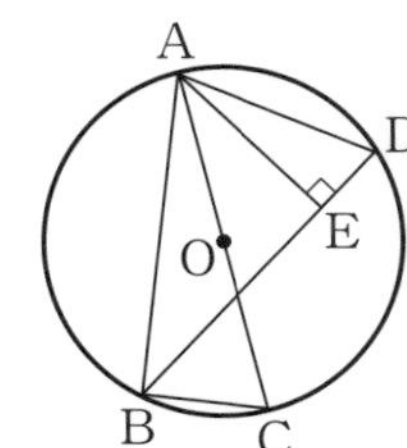

6 右の図のように，円周上に4点A，B，C，Dがあり，ACとBDの交点をE，$\overset{\frown}{AD}=\overset{\frown}{CD}$とする。このとき，次の問いに答えなさい。

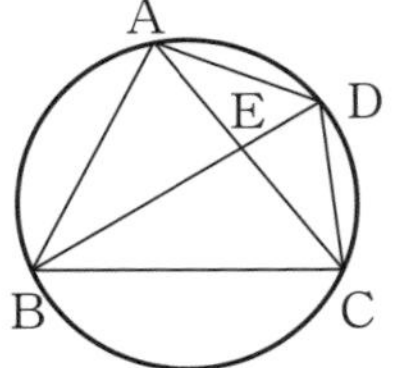

(1) △BDC∽△CDEであることを証明しなさい。

(2) BE＝12 cm，ED＝3 cm のとき，CDの長さを求めなさい。

7 次の図で，$\angle x$の大きさを求めなさい。

(1)

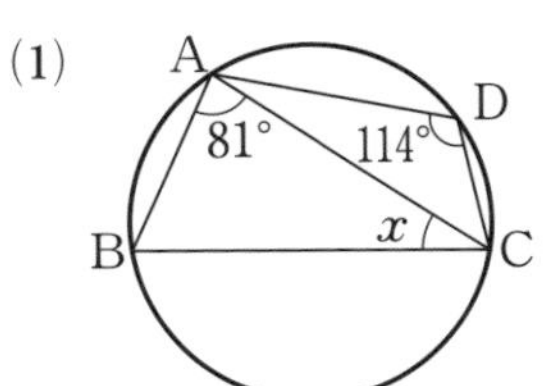

(2)

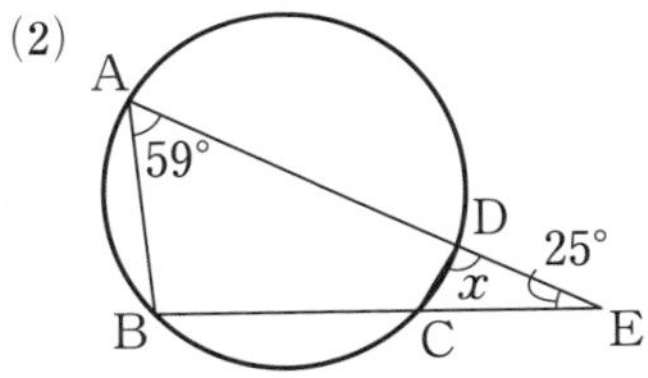

8 次の図で，直線ATはAにおける円の接線である。このとき，$\angle x$の大きさを求めなさい。ただし，Oは円の中心である。

(1)

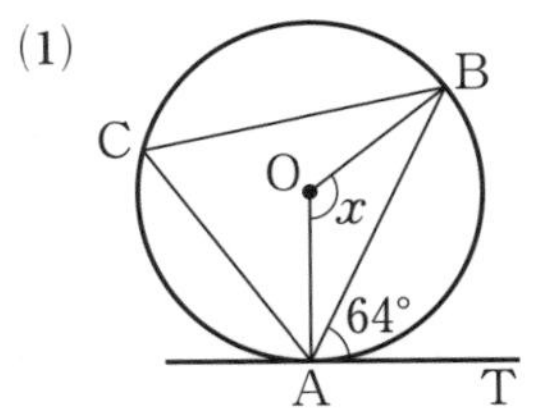

(2)

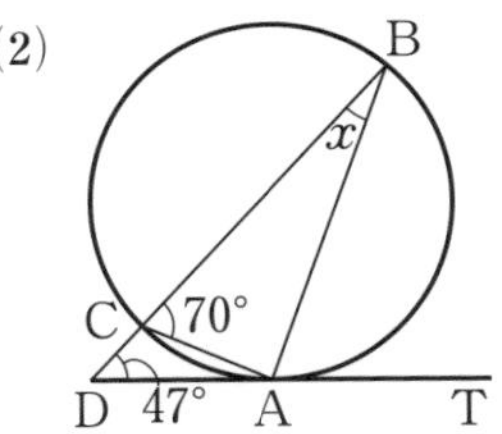

9 右の図で，直線TPはTにおける円の接線である。このとき，BPの長さを求めなさい。

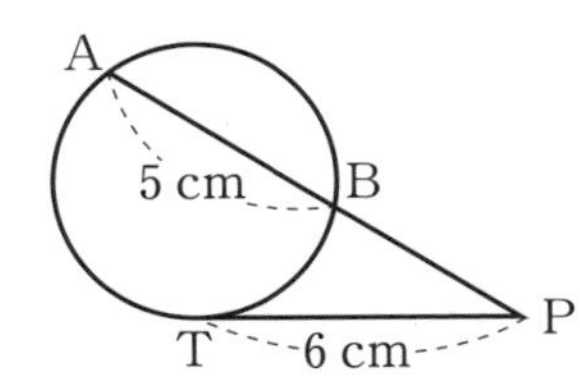

14 三平方の定理

Check! －基本問題－

解答 ➡ 別冊 p.15

□ にあてはまる数や式，ことばを書きなさい。

1 直角三角形と辺の長さ

右の直角三角形において，三平方の定理より，

$(6\sqrt{2})^2+$ ① $^2=$ ② ^{2}

が成り立つ。

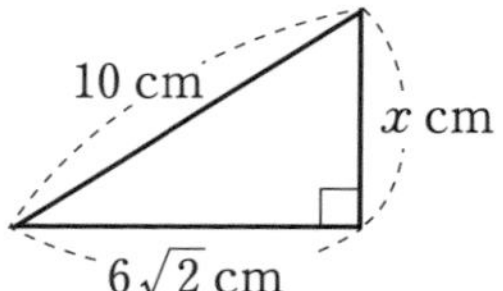

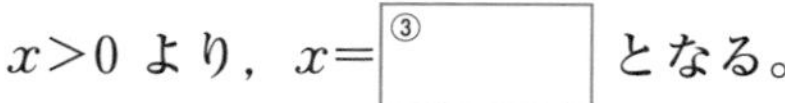

$x>0$ より，$x=$ ③ となる。

> **復習メモ**
> 〈三平方の定理〉
> c　b　a
> 直角三角形の直角をはさむ 2 辺の長さを a，b，斜辺の長さを c とすると，$a^2+b^2=c^2$

2 三平方の定理の逆

3 辺の長さが 5 cm，12 cm，13 cm の三角形について，

$5^2+12^2=$ ①，$13^2=$ ② であるから，この三角形は，

 ③ cm の辺を斜辺とする  ④ である。

> **復習メモ**
> 3 辺の長さが a，b，c の三角形において，$a^2+b^2=c^2$ が成り立つならば，その三角形は，長さ c の辺を斜辺とする直角三角形である。

3 平面図形への利用（特別な直角三角形の辺の比）

(1)

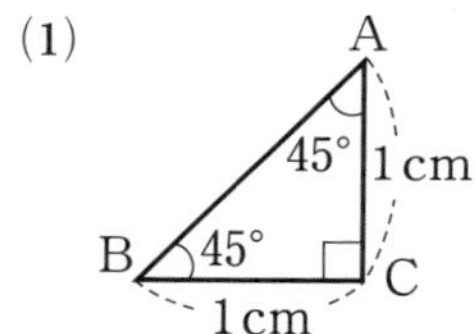

上の図の直角三角形で，

AB= ① cm

(2)

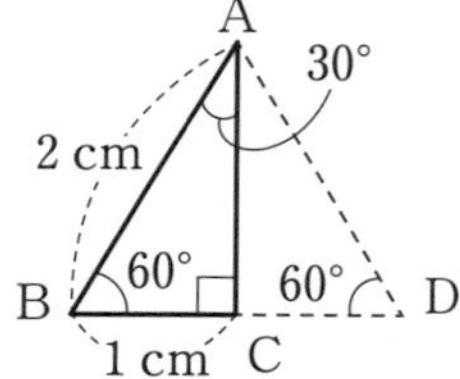

上の図の直角三角形で，

AC= ② cm

> **復習メモ**
> ・直角二等辺三角形
> 3 辺の比は，$1:1:\sqrt{2}$
> ・角が 30°，60°，90° の三角形
> 3 辺の比は，$1:2:\sqrt{3}$
> ・1 辺の長さが a の正三角形
> 高さ h は，$h=\frac{\sqrt{3}}{2}a$
> 面積 S は，$S=\frac{\sqrt{3}}{4}a^2$

4 平面図形への利用（円の弦）

問　右の図において，円の中心 O と弦 AB の距離が 8 cm のとき，円 O の半径を求めなさい。

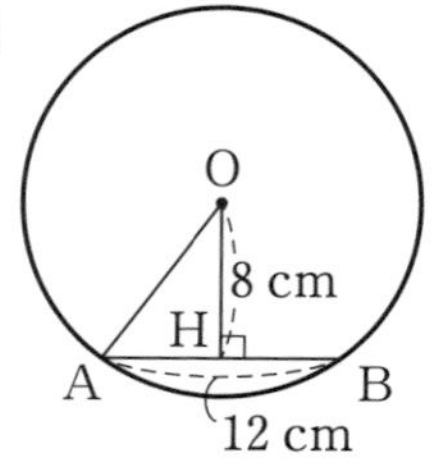

解答 AH=AB÷2= ① (cm)

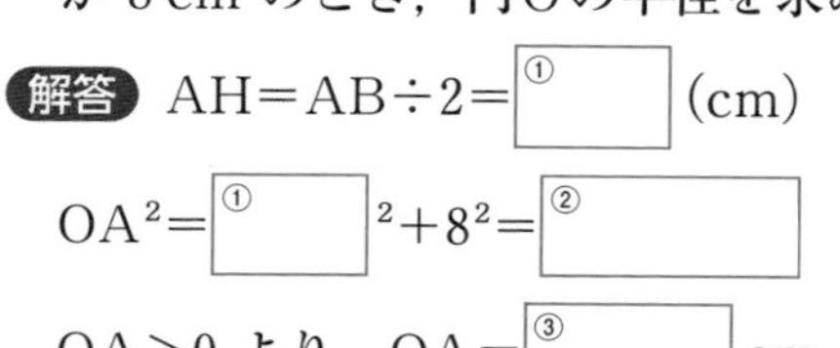

$OA^2=$ ① $^2+8^2=$ ②

OA>0 より，OA= ③ cm　…答

> **アドバイス**
> 4 円の中心から弦に垂線をひくとき，その垂線の足は弦の中点となるので，AH=HB

> **復習メモ**
> 2 つの円の共通な接線は，それぞれの円の接点を通る半径にともに垂直である。

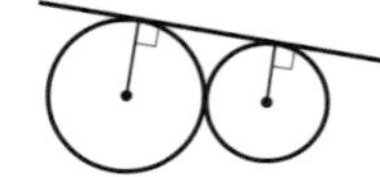

5 空間図形への利用（直方体の対角線）

問　右の図において，直方体の対角線 AG の長さを求めなさい。

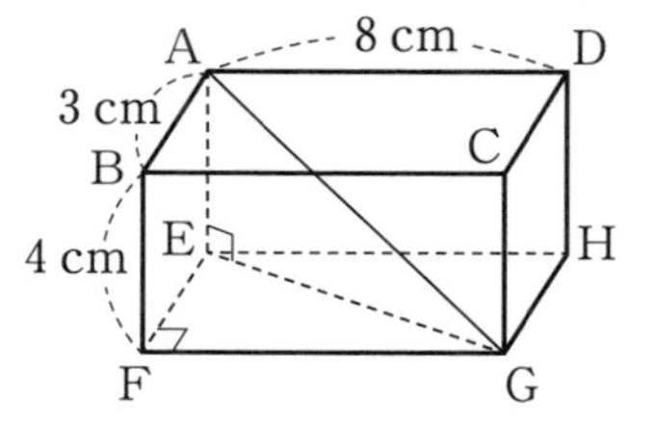

解答

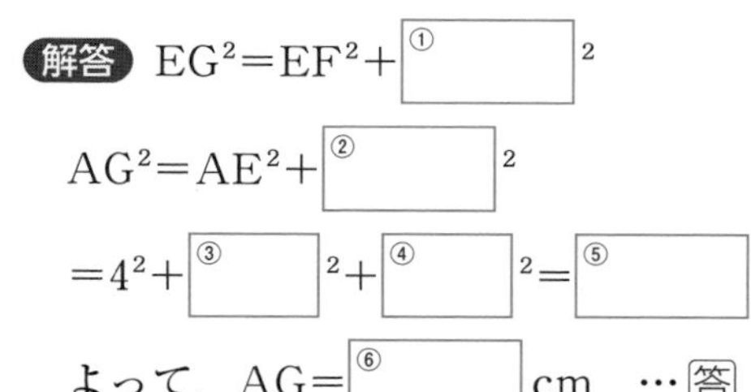

$EG^2=EF^2+$ ① ^{2}

$AG^2=AE^2+$ ② ^{2}

$=4^2+$ ③ $^2+$ ④ $^2=$ ⑤

よって，AG= ⑥ cm　…答

6 空間図形への利用（錐体の体積）

問　右の図のような，底面が 1 辺 6 cm の正方形で，他の辺がすべて 9 cm である正四角錐の体積を求めなさい。

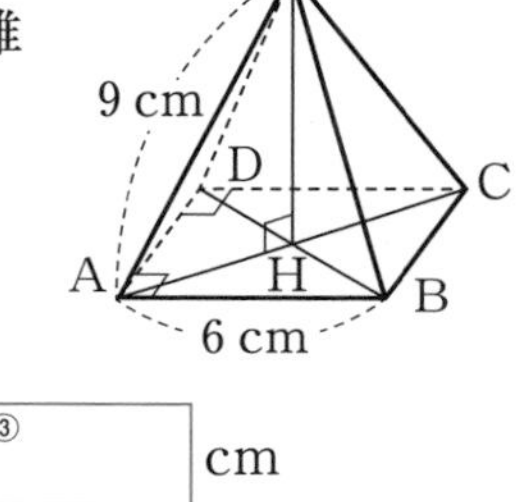

解答　△HAB は直角二等辺三角形なので，

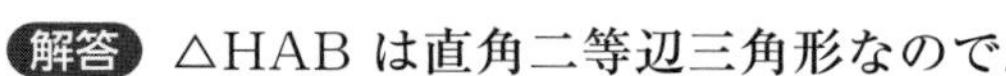

$AH=AB\div\sqrt{2}=$ ① (cm)

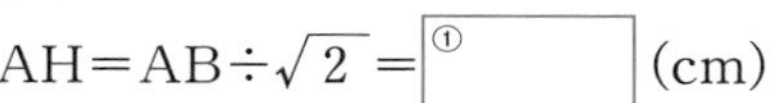

$OH^2=OA^2-AH^2=$ ② より，OH= ③ cm

よって，$\frac{1}{3}\times6^2\times$ ③ $=$ ④ (cm^3)　…答

7 空間図形への利用（立体の表面上の最短経路）

問　底面が半径 2 cm の円，母線の長さが 8 cm の円錐上の点Aから，図のように糸をまきつける。糸の長さがもっとも短くなるとき，糸の長さを求めなさい。

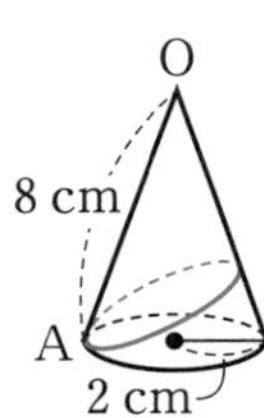

解答　展開図は右下の図のようになる。

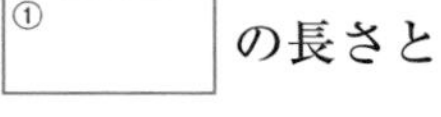

底面の円周の長さは弧 ① の長さと等しいので，∠AOA′$=x°$ とすると，

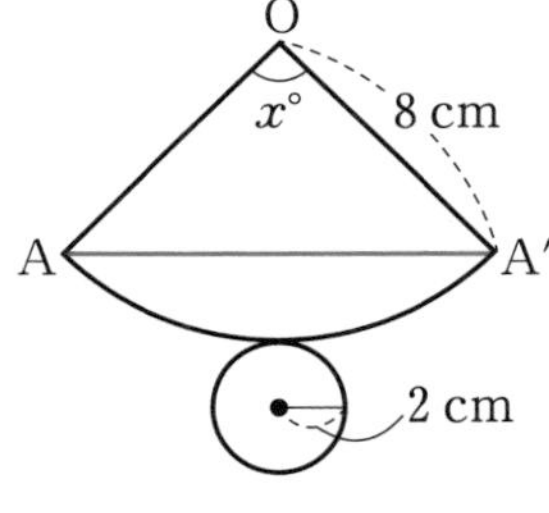

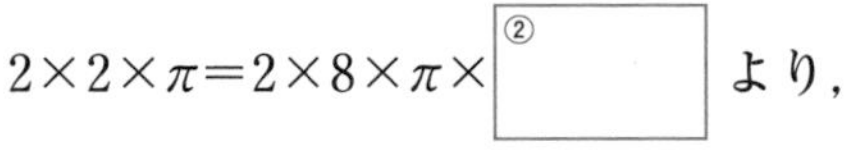

$2\times2\times\pi=2\times8\times\pi\times$ ② より，

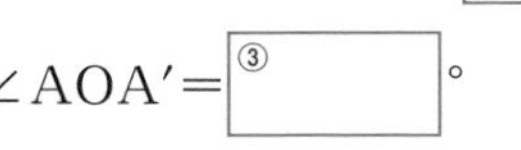

∠AOA′= ③ °

糸の長さがもっとも短くなるのは，点Aと点 ④ を線分で結んだときであり，その長さは， ⑤ cm　…答

復習メモ

縦，横，高さがそれぞれ a，b，c の直方体の対角線の長さは，$\sqrt{a^2+b^2+c^2}$

アドバイス

5 △EFG で三平方の定理より，$EG^2=EF^2+FG^2$

△AEG で三平方の定理より，$AG^2=AE^2+EG^2$

アドバイス

6 正方形の対角線は長さが等しく，また，それぞれの中点で垂直に交わるので，HA=HB，∠AHB=90° となる。

アドバイス

7 立体の面上での最短経路は，展開図をかいて，平面の上で考える。1 つの平面上にあって，2 点を結ぶ線分が最短経路となる。

中 1・2 で学習した図形の定義や性質を思い出そう！

Try! －応用問題－

解答 ➡ 別冊 p.15

1 3 辺の長さが次のような三角形は，直角三角形であるかどうか答えなさい。

(1) 2 cm，$\sqrt{7}$ cm，3 cm　　(2) 8 cm，15 cm，17 cm

2 次のような直角三角形において，斜辺でない 2 辺の長さを求めなさい。

(1) 直角をはさむ 2 辺の長さの差が 3 cm，斜辺の長さが 15 cm

(2) 周の長さが 24 cm，斜辺の長さが 10 cm

3 次の問いに答えなさい。

(1) 対角線の長さが 2 cm と $4\sqrt{2}$ cm であるひし形の 1 辺の長さを求めなさい。

(2) 1 辺の長さが 12 cm の正三角形の面積を求めなさい。

(3) 半径 10 cm の円において，中心Oからの距離が 6 cm である弦 AB の長さを求めなさい。

4 右の図において，直線 ℓ は円Oと円 O′ の共通な接線で，A，B はそれぞれの接点である。このとき，線分 AB の長さを求めなさい。

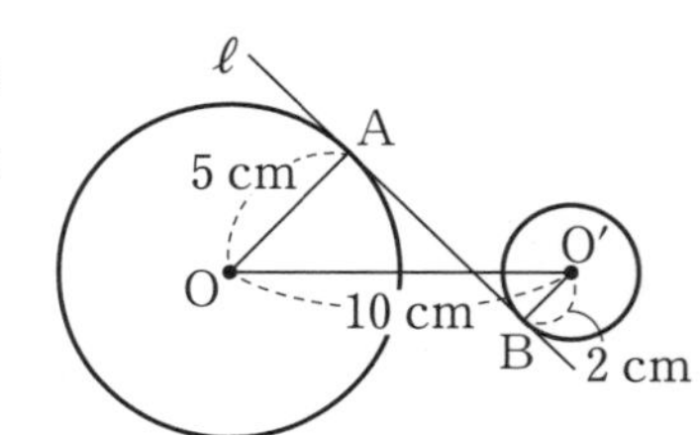

5 右の図は，長方形の紙 ABCD を，対角線 AC を折り目として折り曲げたものである。点Bの移った点がE，AD と CE の交点がFである。AB=4 cm，BC=8 cm のとき，△FAC の面積を求めなさい。

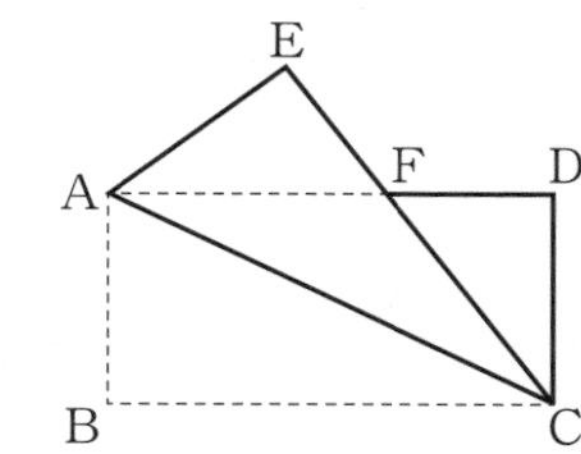

6 右の図のように，円Oと1辺の長さが 4 cm の正方形 ABCD がある。円Oは点Eで辺 AB に接し，点C，D は円Oの周上にある。また，辺 BC と円Oの交点をFとする。このとき，次の問いに答えなさい。

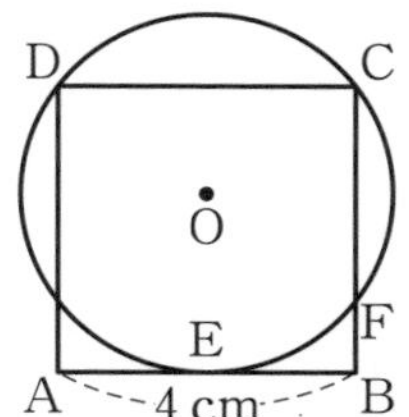

(1) 円Oの半径を求めなさい。

(2) △CDF の面積を求めなさい。

7 右の図の直方体において，AD=2 cm，AE=3 cm，AG=7 cm である。点Pを，辺 EF 上に AP+PG の長さが最短になるようにとるとき，AP+PG の長さを求めなさい。

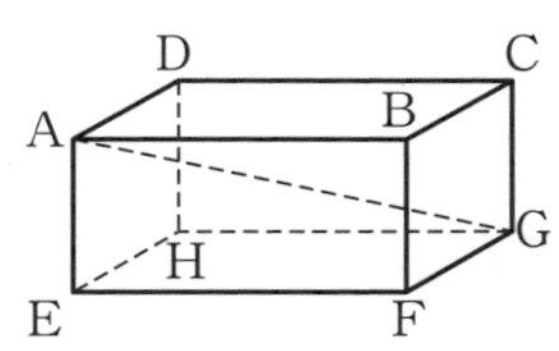

8 右の図の三角錐 ABCD において，∠ABC=∠ABD=∠BCD=90°，AB=2 cm，BC=3 cm，CD=6 cm である。辺 AD 上に AD⊥PC となる点Pをとるとき，線分 PC の長さを求めなさい。

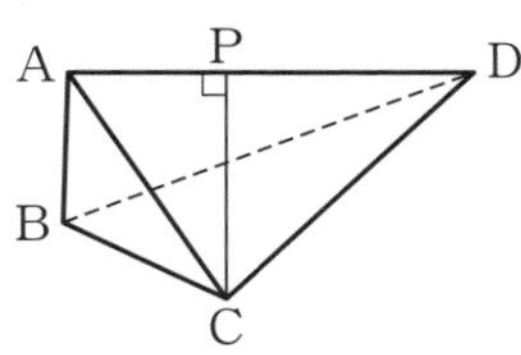

15 データの活用／資料の整理／確率

Check! －基本問題－

解答 ➡ 別冊 p.16

□ にあてはまる数や式，ことばを書きなさい。

1 度数分布表とヒストグラム

階級（分）	度数（人）
0以上 ～ 10未満	4
10 ～ 20	□
20 ～ 30	□
30 ～ 40	□
40 ～ 50	2
計	30

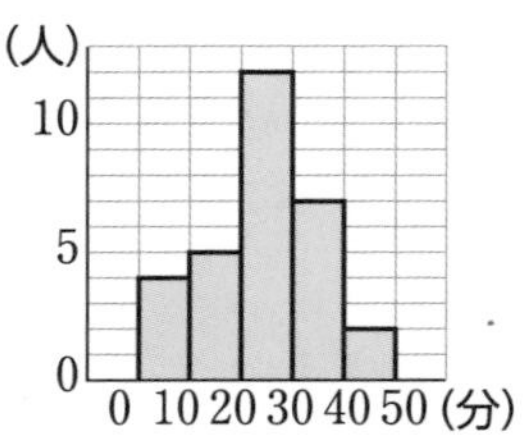

上の図は，ある中学校の生徒30人の通学時間を調べて，度数分布表とヒストグラムに表したものである。

(1) 30分以上40分未満の階級の階級値は ① 分，度数は ② 人。

(2) データの中央値は ③ 分以上 ④ 分未満の階級にふくまれる。

(3) 20分以上30分未満の階級の相対度数は ⑤ 。

(4) データを右のような累積度数分布表にまとめたとき，累積度数はそれぞれ ⑥ 人，⑦ 人，⑧ 人となる。

階級（分）	累積度数（人）
10未満	4
20	⑥
30	⑦
40	⑧
50	30

復習メモ
度数分布表で，データを整理するための区間を階級，階級の中央の値を階級値，各階級にふくまれるデータの個数を度数という。

復習メモ
$$相対度数 = \frac{その階級の度数}{度数の合計}$$
相対度数は度数の異なる2つ以上の分布のようすを比べるときに利用する。

復習メモ
各階級以下または各階級以上の階級の度数をたし合わせたものを累積度数という。

2 四分位数と箱ひげ図

10　13　13　13　14　16　17　18　18　18　19

上のような11個のデータがあるとき，

範囲は ① － ② ＝ ③ ，第2四分位数（中央値）は ④ ，第1四分位数は ⑤ ，第3四分位数は ⑥ ，四分位範囲は ⑥ － ⑤ ＝ ⑦ である。

また，このデータを箱ひげ図に表すと，右の ⑧ になる。

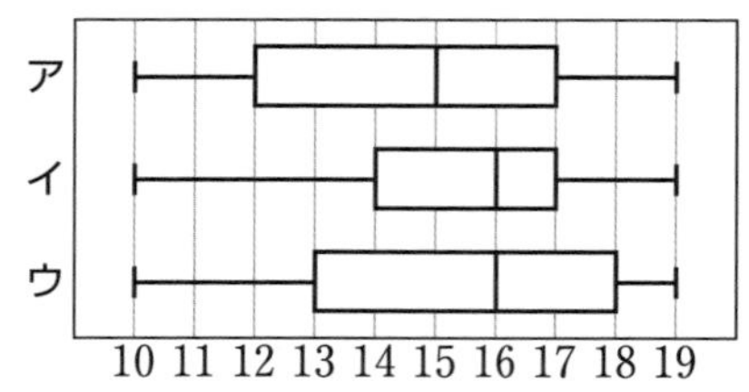

復習メモ
データの最大値と最小値の差を範囲という。

復習メモ
データを値の大きさの順に並べたとき，4等分する位置にくる値を四分位数という。
（箱ひげ図）
四分位範囲
ひげ　箱　ひげ
第1四分位数　中央値　第3四分位数

3 確率の基本

1個のさいころを投げたときの目の出方は ⚀ ⚁ ⚂ ⚃ ⚄ ⚅ 全部で ① 通りあり，そのうち5以上の目の出方は5，6の2通りある。よって，1個のさいころを投げるとき，5以上の目が出る確率は，$\frac{2}{6}=$ ② である。

また，5未満の目が出る確率は，$1-$ ② $=$ ③ である。

復習メモ
起こりうるすべての場合が n 通りあり，そのうち，ことがらAの起こる場合が a 通りであるとき，

Aの起こる確率は $\frac{a}{n}$

Aの起こらない確率は $1-\frac{a}{n}$

4 いろいろな確率

(1) 2個のさいころ a，b を同時に投げるとき，目の数の積が奇数になる確率を求めなさい。

a＼b	1	2	3	4	5	6
1	1	2	3	4	5	6
2	2	4	6	8	10	12
3	3	6	9	12	15	18
4	4	8	12	16	20	24
5	5	10	15	20	25	30
6	6	12	18	24	30	36

解答 2個のさいころ a，b を同時に投げるときの目の出方は，全部で $6\times6=$ ① (通り) あり，出る目の数の積が奇数になる場合は，右の表より ② 通りある。

よって，求める確率は，$\frac{9}{36}=$ ③ …答

確率を求めるときは，表や樹形図を使って，場合の数を順序よく整理しよう。

(2) 青玉2個，白玉2個が入った袋から同時に2個の玉を取り出すとき，青玉と白玉を1個ずつ取り出す確率を求めなさい。

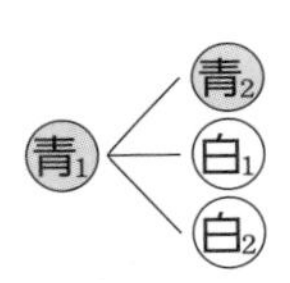

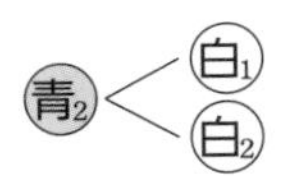

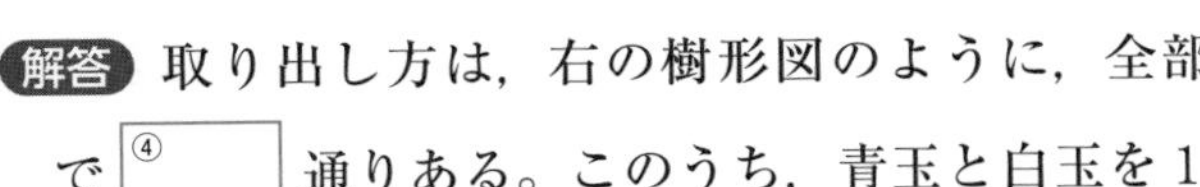
解答 取り出し方は，右の樹形図のように，全部で ④ 通りある。このうち，青玉と白玉を1個ずつ取り出す場合は ⑤ 通りなので，求める確率は，$\frac{4}{6}=$ ⑥ …答

アドバイス
4(2) 同じ色の玉でも 青$_1$，青$_2$，のように区別して考えるので，(青，白) となる場合は4通りある。しかし，2個を同時に取り出すことから，(白，青) は (青，白) と同じになるので，数えないことに注意する。

5 標本調査

箱に入っている40玉のりんごの総重量を調べるため，箱の中から無作為に5個のりんごを抽出して重さを測ったところ，それぞれ265 g，220 g，260 g，275 g，230 g であった。このとき標本平均は

$(265+220+260+275+230)\div5=$ ① (g)

よって，箱に入ったりんごの総重量は

① $\times40=$ ② (g) と推定できる。

復習メモ
対象とする集団の一部を調べ，その結果から集団の状況を推定する調査を標本調査という。

Try! －応用問題－

解答 ➡ 別冊 p.16

1 右の表は，ある中学校の1年生120人と3年生100人について，1日の睡眠時間を調べ，累積度数分布表にまとめたものである。

階級（時間）	累積度数（人）	
	1年生	3年生
9以上	10	5
8	36	33
7	84	75
6	106	88
5	113	96
4	120	100

(1) 1年生と3年生で，7時間以上の階級の累積相対度数をそれぞれ求めなさい。

(2) 5時間以上6時間未満と答えた1年生の人数を求めなさい。

(3) 7時間以上8時間未満と答えた生徒の割合が高いのは1年生と3年生のどちらか答えなさい。

2 A，B，C，Dの各組35人の生徒が50 m 走を行った。右の図は，記録を組ごとに箱ひげ図にまとめたものである。

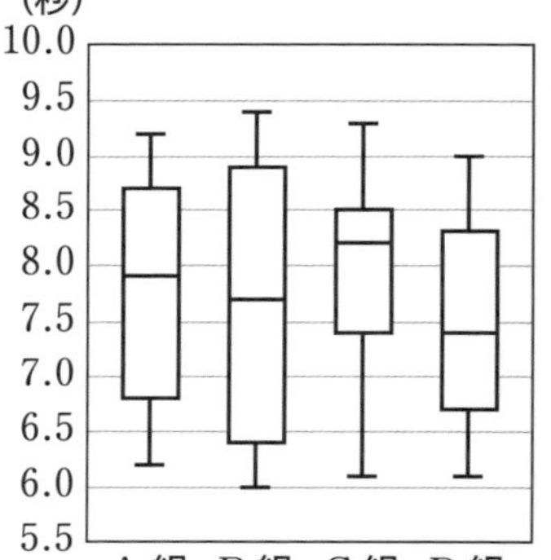

(1) 4組全体の最速記録の生徒がいる組を答えなさい。

(2) 四分位範囲がもっとも小さい組を答えなさい。

(3) 記録が7.5秒未満だった生徒が18人以上いる組を答えなさい。

(4) 右の図は，A，B，C，Dのいずれかの組の記録をヒストグラムにまとめたもので，たとえば，6.0秒以上6.5秒未満の階級に入る生徒は3人であったことを表している。どの組の記録を表しているか答えなさい。

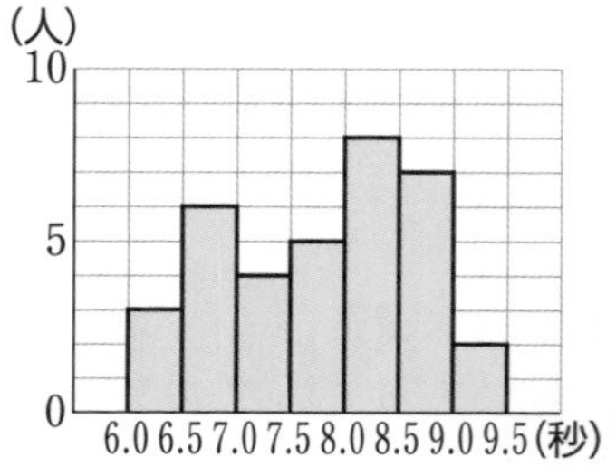

3 ある池にいる魚の数を推定するための調査をした。無作為に60匹をつかまえて，そのすべてに印をつけて池にもどし，数日後に再び60匹をつかまえたところ，印のついた魚が3匹混ざっていた。この池にはおよそ何匹の魚がいると考えられるか求めなさい。

4 10円，50円，100円の3枚の硬貨を同時に投げるとき，次の問いに答えなさい。

(1) 表裏の出方は全部で何通りあるか求めなさい。

(2) 表が出た硬貨の合計金額が150円未満になる確率を求めなさい。

5 大小2個のさいころを同時に1回投げるとき，次の確率を求めなさい。

(1) 出る目の数の和が5になる確率

(2) 出る目の数の積が18以上になる確率

6 青玉3個，白玉2個，黒玉1個が入った袋から玉を取り出すとき，次の問いに答えなさい。

(1) 2個同時に取り出すとき，1個は白玉である確率を求めなさい。

(2) 1個取り出して色を確認してから袋にもどし，また1個取り出すとき，連続で青玉を取り出さない確率を求めなさい。

7 1等が1本，2等が3本，はずれが6本入っているくじがある。このくじをAさん，Bさんの順で1本ずつ引く。ただし，引いたくじはもどさないものとする。このとき，次の確率を求めなさい。

(1) Aさんが1等，Bさんが2等を引く確率

(2) 2人とも2等を引く確率

(3) 少なくとも1人は1等または2等を引く確率

1　式の計算の利用

ステップアップ学習

◎規則的に並んだ自然数

例題　右の図は，ある月のカレンダーである。このカレンダーの中の 11 19 27 のような3つの自然数の組 a b c について，次の問いに答えなさい。

(1) $b=16$ のときの a，c の値を答えなさい。

(2) b^2-ac がつねに同じ値になることを証明しなさい。

日	月	火	水	木	金	土
	1	2	3	4	5	6
7	8	9	10	11	12	13
14	15	16	17	18	19	20
21	22	23	24	25	26	27
28	29	30	31			

解説　(1) 図より，$a=8$，$c=24$　…答

(2) a，c をそれぞれ b の式で表すと，$a=b-8$，$c=b+8$

$b^2-ac=b^2-(b-8)(b+8)=b^2-b^2+64=64$

したがって，b^2-ac はつねに同じ値64になる。

ポイント　まず，数の並びの規則性を読み取る。a は b の8日前，c は b の8日後の日付と考えると，それぞれ b の式で表すことができる。

Challenge! －実戦問題－

解答 ➡ 別冊 p.18

1　右の図1のように，長方形の紙に40行，5列のます目が書かれており，1行目の1列目から，1から自然数を小さい順に5個ずつ書いていき，各行とも5列目にきたら，次の行の1列目に移り，続けて順番に自然数を書いていく。自然数を書いた後，右の図のように，長方形の紙の2つの縦の辺が重なるようにつなげて円筒にする。

(図1)

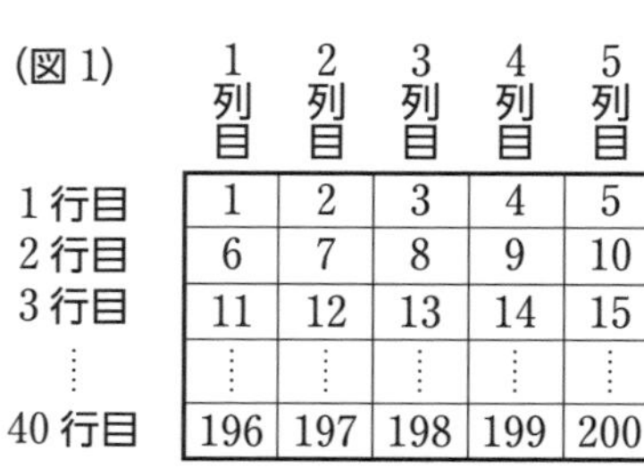

	1列目	2列目	3列目	4列目	5列目
1行目	1	2	3	4	5
2行目	6	7	8	9	10
3行目	11	12	13	14	15
⋮	⋮	⋮	⋮	⋮	⋮
40行目	196	197	198	199	200

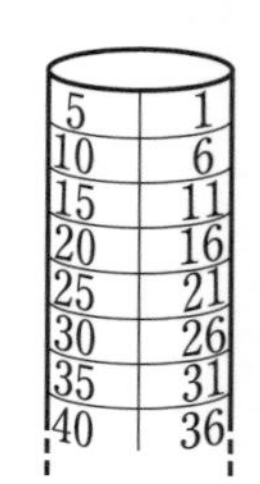

また，右の図2は，円筒に書かれている自然数 n と，その上下左右に書かれている4つの自然数 a，b，c，d を抜き出したものであり，4つの自然数 a，b，c，d の和を X とする。このとき，次の問いに答えなさい。ただし，n は6以上195以下の自然数とする。　〔新潟県〕

(図2)

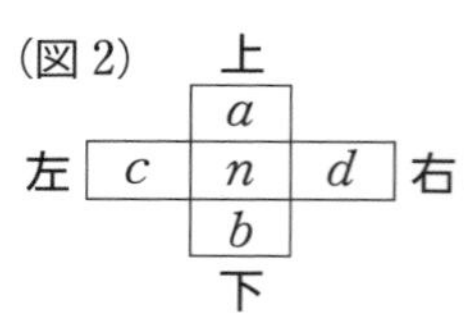

(1) $n=7$，$n=15$，$n=76$ のときのXの値を，それぞれ答えなさい。

(2) 次の ①，② の問いに答えなさい。

① nが，図1の2列目のます目にあるとき，Xをnを用いて表しなさい。

② nが，図1の1列目のます目にあるとき，Xをnを用いて表しなさい。

(3) Xの値が6の倍数になるようなnの値は何個あるか。求めなさい。

2 AさんとBさんは，ある遊園地のアトラクションに入場するため，開始時刻前にそれぞれ並んで待っている。このアトラクションを開始時刻前から待つ人は，図のように，6人ごとに折り返しながら並び，先頭の人から順に1，2，3，… の番号が書かれた整理券を渡される。並んでいる人の位置を図のように行と列で表すと，例えば，整理券の番号が27の人は，5行目の3列目となる。次の問いに答えなさい。〔山口県〕

(1) Aさんの整理券の番号は75であった。Aさんは，何行目の何列目に並んでいるか求めなさい。

(2) 自然数 m，n を用いて偶数行目のある列を $2m$ 行目のn列目と表すとき，$2m$ 行目のn列目に並んでいる人の整理券の番号を m，n を使った式で表しなさい。また，偶数行目の5列目に並んでいるBさんの整理券の番号が，4の倍数であることを，この式を用いて説明しなさい。

2　放物線と図形

ステップアップ学習

◎放物線上の四角形

例題　右の図のように，関数 $y=x^2$ のグラフ上に y 座標が等しい2点P，Qがあり，Pの x 座標は正で，Qの x 座標は負である。また，関数 $y=\frac{1}{4}x^2$ のグラフ上に y 座標が等しい2点R，Sがあり，P，Sの x 座標は等しく，Q，Rの x 座標も等しくなっている。四角形PQRSが正方形となるとき，点Pの座標を求めなさい。〔岩手県〕

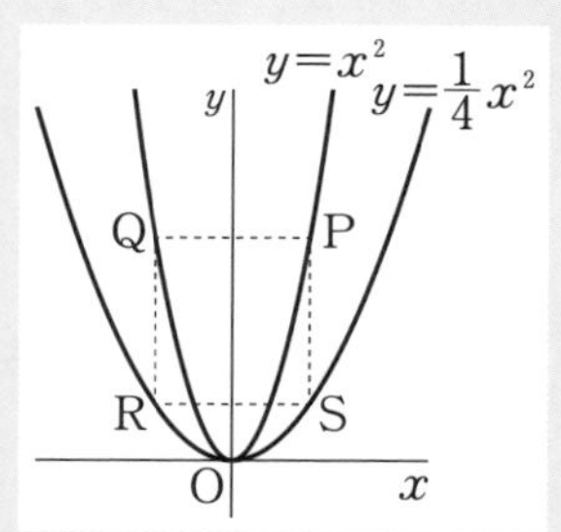

解説　点Pの x 座標を t とすると，$P(t,\ t^2)$，$S\left(t,\ \frac{1}{4}t^2\right)$，$Q(-t,\ t^2)$

よって，$PS=t^2-\frac{1}{4}t^2=\frac{3}{4}t^2$，$PQ=t-(-t)=2t$

四角形PQRSが正方形となるとき，PS＝PQとなるので，

$\frac{3}{4}t^2=2t$　　$t(3t-8)=0$　　$t>0$ より，$t=\frac{8}{3}$

よって，$P\left(\frac{8}{3},\ \frac{64}{9}\right)$ …答

ポイント　座標の条件から，四角形PQRSは長方形になる。長方形は，直角をはさむ2辺の長さが等しくなれば，4辺の長さがすべて等しい正方形となる。

Challenge! －実戦問題－

解答 ➡ 別冊 p.19

1　右の図のように，2つの関数 $y=\frac{1}{2}x^2$ ……①，$y=-x^2$ ……② のグラフがある。①のグラフ上に点Aがあり，点Aの x 座標を t とする。点Aと y 軸について対称な点をBとし，点Aと x 座標が等しい②のグラフ上の点をCとする。また，②のグラフ上に点Dがあり，点Dの x 座標を負の数とする。点Oは原点とする。ただし，$t>0$ とする。次の問いに答えなさい。〔北海道〕

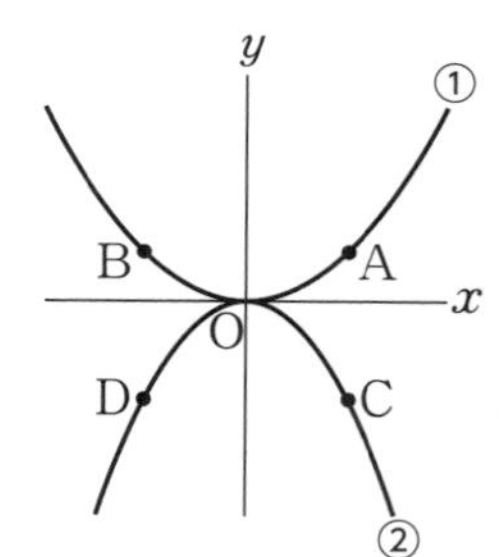

(1) 四角形ABDCが長方形となるとき，点Dの座標を，t を使って表しなさい。

(2) $t=4$ とする。点Cを通り，傾きが -3 の直線の式を求めなさい。

(3) 2点B，Cを通る直線の傾きが -2 となるとき，点Aの座標を求めなさい。

2 右の図のように，関数 $y=ax^2$ …… ㋐ のグラフと関数 $y=3x+7$ …… ㋑ のグラフとの交点Aがあり，点Aの x 座標が -2 である。このとき，次の問いに答えなさい。 〔三重県〕

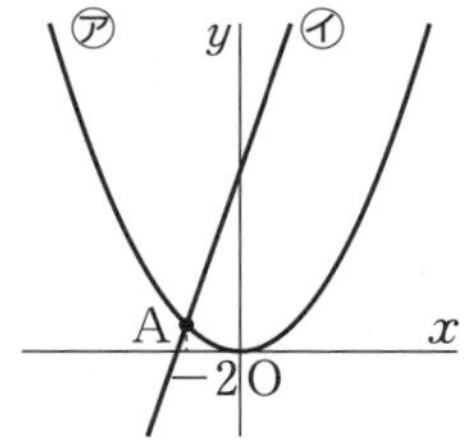

(1) a の値を求めなさい。

(2) ㋐ について，x の変域が $-2 \leqq x \leqq 3$ のときの y の変域を求めなさい。

(3) ㋑ のグラフと y 軸との交点をBとし，㋐ のグラフ上に x 座標が6となる点Cをとり，四角形 ADCB が平行四辺形になるように点Dをとる。このとき，次の問いに答えなさい。

① 点Dの座標を求めなさい。

② 点Oを通り，四角形 ADCB の面積を2等分する直線の式を求めなさい。ただし，原点をOとする。

3 右の図のように，関数 $y=\frac{1}{4}x^2$ のグラフ上に4点A，B，C，Dがあり，それぞれの x 座標は -4，-2，2，4 である。y 軸と直線 AD，BC との交点をそれぞれ E，F とする。四角形 ABFE を，y 軸を軸として1回転させてできる立体の体積を求めなさい。 〔富山県-改〕

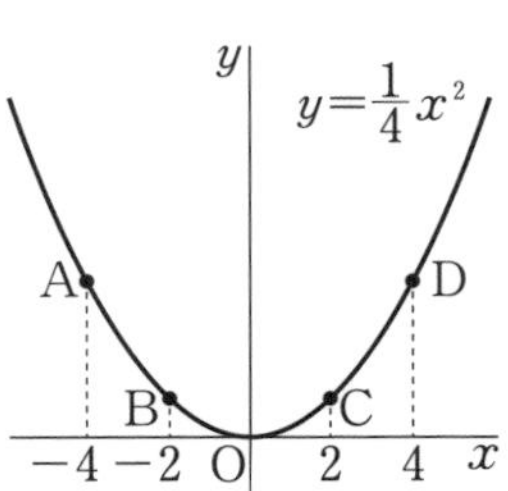

3 作図

ステップアップ学習

◎特別な角の作図

例題 45° の角を作図しなさい。

解説 ❶ 右の図のように，直線 AB をひく。

❷ 点Aを通る直線 AB の垂線 CA をひく。

❸ ∠CAB の二等分線 AD をひけば，∠DAB または ∠CAD が 45° の角になる。

ポイント 45° の角は，直角二等辺三角形からも作図できる。また，60° の角は正三角形の作図が利用できる。

◎図形の移動と作図

例題 右の図において，点Aを，直線 ℓ を対称の軸として対称移動した点Pを作図しなさい。

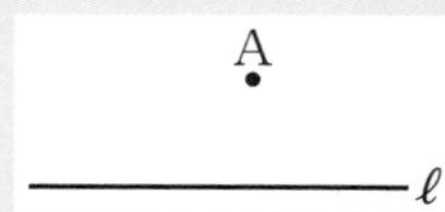

解説 ❶ 点Aを中心とする適当な半径の円をかき，ℓ との交点をB，Cとする。

❷ 2点B，Cをそれぞれ中心として，半径 AB の円をかき，2つの円の交点のうち，点Aではない方の点をPとすればよい。

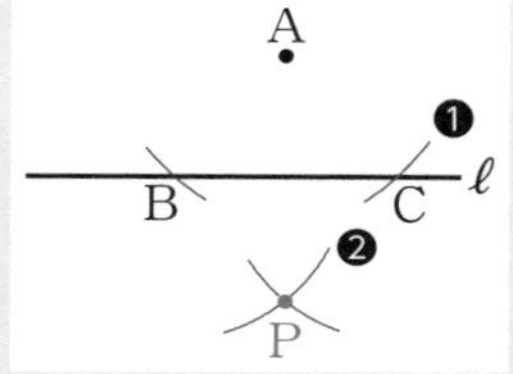

ポイント A，P を結ぶ線分は，ℓ によって垂直に2等分される。

Challenge! −実戦問題−

解答 ➡ 別冊 p.20

1 右の図のように，△ABC がある。辺 AB 上にあって，∠APC＝45° となる点Pを，定規とコンパスを使って作図しなさい。なお，作図に用いた線は消さずに残しておくこと。

〔熊本県〕

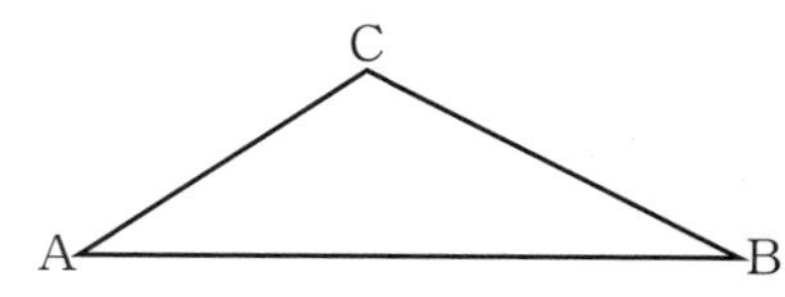

2 右の図のように，線分 AB を直径とする半円がある。$\overset{\frown}{AB}$ 上に点Pをとり，∠PAB＝15° となる線分 AP を作図しなさい。ただし，作図には定規とコンパスを用い，作図に使った線は消さないこと。〔大分県〕

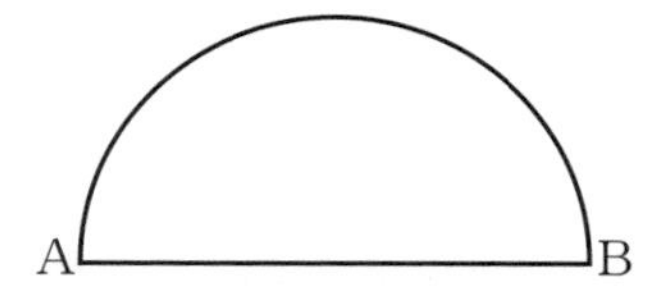

3 右の図のような ∠A＝50°，∠B＝100°，∠C＝30° の △ABC がある。この三角形を，点Aを中心として時計回りに 25° 回転させる。この回転により点Cが移動した点をPとするとき，点Pを作図によって求めなさい。ただし，作図には定規とコンパスを使い，また，作図に用いた線は消さないこと。〔栃木県〕

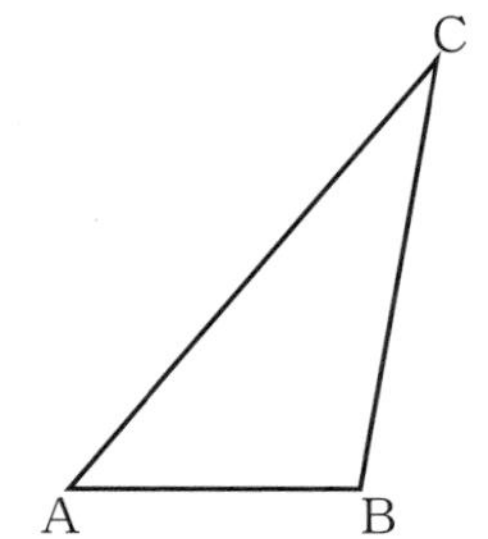

4 右の図において，線分 CD を直径とする半円は，ある直線を対称の軸として，線分 AB を直径とする半円を対称移動させた図形である。このとき，対称の軸となる直線を作図しなさい。ただし，作図には定規とコンパスを使い，作図に用いた線は消さずに残しておくこと。〔山梨県〕

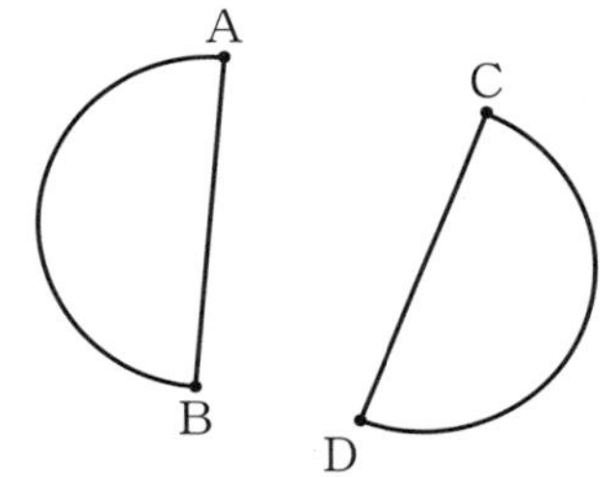

5 右の図で，△ADE は，△ABC を，頂点Aを中心として反時計回り（矢印の方向）に回転移動させたものである。右下に示した図をもとにして，△ABC を，頂点Aを中心として反時計回りに 90° 回転移動させてできる △ADE を，定規とコンパスを用いて作図し，頂点D，頂点Eの位置を示す文字D，Eを書きなさい。ただし，作図に用いた線は消さないでおくこと。〔東京都〕

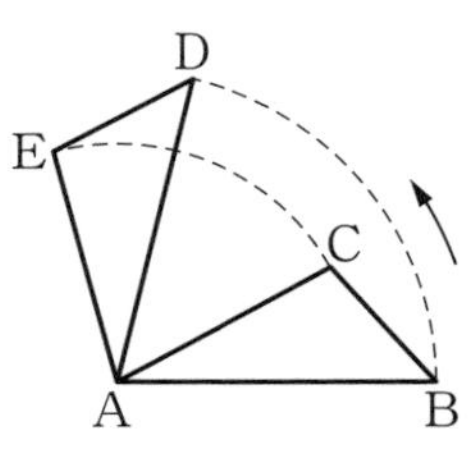

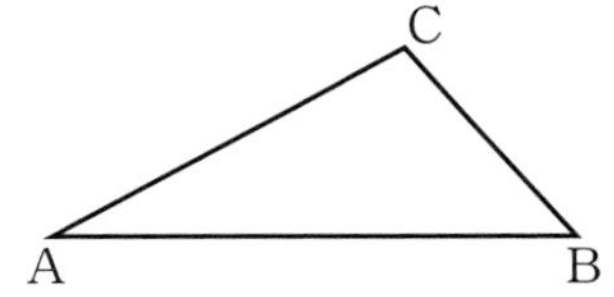

4　図形の面積比・体積比の応用問題

ステップアップ学習

◎線分の比と面積比

例題　右の図のような，AD：BC＝2：5，AD∥BC である台形 ABCD がある。対角線の交点をE，台形 ABCD の面積を S としたとき，△EBC の面積を，S を用いて表しなさい。

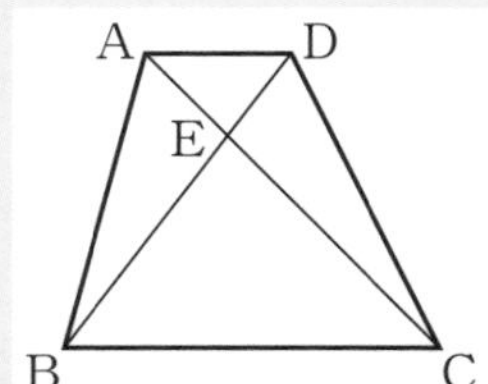

解説　AD∥BC より，EB：DB＝5：(2＋5)＝5：7

△EBC と △DBC の面積比は EB：DB＝5：7

よって，$\triangle \mathrm{EBC}=\frac{5}{7}\triangle \mathrm{DBC}$

△DBC と △ADB の面積比は BC：AD＝5：2

よって，$\triangle \mathrm{DBC}=\frac{5}{2+5}S=\frac{5}{7}S$

したがって，$\triangle \mathrm{EBC}=\frac{5}{7}\triangle \mathrm{DBC}=\frac{25}{49}S$　…答

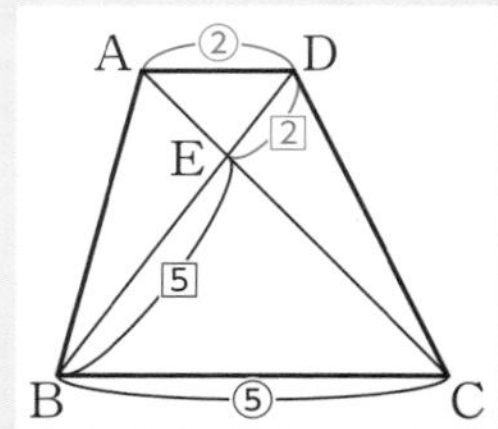

ポイント　高さが等しい三角形の面積比は，底辺の長さの比になる。

Challenge! －実戦問題－

解答 ➡ 別冊 p.20

1 右の図のように，△ABC がある。辺 BC 上に BD：DC＝1：2 となる点Dをとる。点Dを通り辺 AB と平行な直線と辺 AC との交点をEとし，線分 AD の中点をFとする。また，点Fを通り，辺 BC に平行な直線と辺 AC，辺 AB，線分 DE との交点を，それぞれ G，H，I とする。このとき，四角形 IDCG の面積は △ABC の何倍か，求めなさい。
〔茨城県-改〕

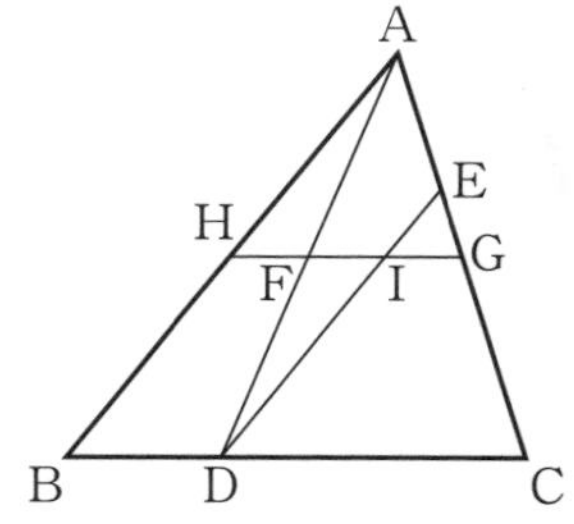

2 図1のような1辺の長さが8cmの立方体がある。辺BCの中点を点Mとし，辺CD上にCN＝3cmとなる点Nをとる。図1の立方体を3点F，M，Nを通る平面で切ると，図2のように2つの立体に分かれた。点Pは，3点F，M，Nを通る平面と辺GHの交点である。このとき，次の問いに答えなさい。〔沖縄県〕

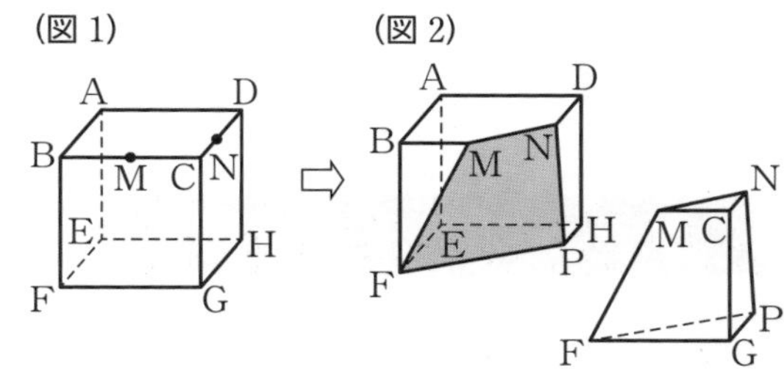

(1) 図2の線分GPの長さを求めなさい。

(2) 図2の点Cをふくむ立体をV_1として，図3のように，V_1の辺GC，線分PN，線分FMをそれぞれ延長すると点Qで交わる。このとき，点Qを頂点とし，△MCNを底面とする三角錐をV_2とする。V_1とV_2の体積比を求めなさい。

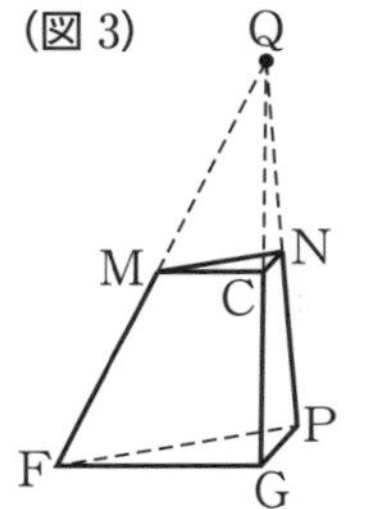

(3) 図3において，辺CG上に点Rをとる。このとき，点Fを頂点とし，△GPRを底面とする三角錐をV_3とする。このV_3と(2)のV_2の体積が等しくなるときの線分GRの長さを求めなさい。

3 右の図のように，線分ABを直径とする円を底面とし，点Cを頂点とする円錐がある。この円錐の母線CA上にCD＝DE＝EAとなる点D，Eをとり，この円錐の底面と平行で点D，Eを通る平面をそれぞれ平面L，平面Mとする。平面Lと平面Mで分けられた円錐の3つの部分を頂点に近い方からP，Q，Rとする。Qの体積が28 cm³のとき，Rの体積を求めなさい。〔三重県〕

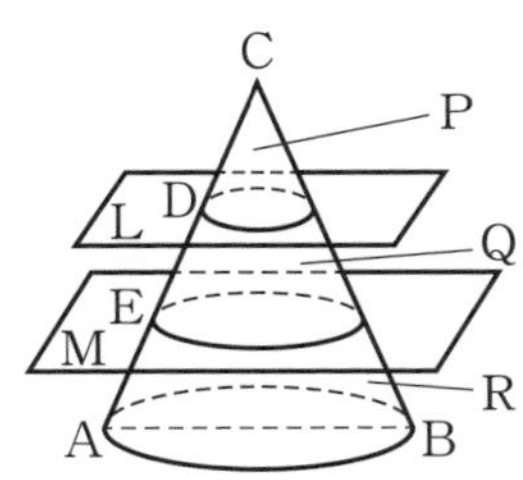

入試対策編
4 図形の面積比・体積比の応用問題

5 円と三平方の定理

ステップアップ学習

◎線分の比と面積比

例題 右の図のように，直径 13 cm の円Oの周上に 3 点 A，B，C があり，線分 AC は円Oの直径，点Bは $\overset{\frown}{AC}$ 上の点となっている。AB=5 cm，点Bから線分 AC におろした垂線のあしをDとするとき，線分 BD の長さを求めなさい。

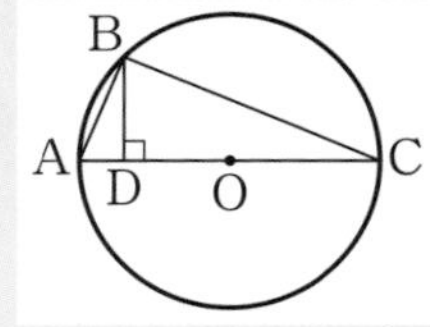

解説 ∠ABC=90° より，△ABC において，

$BC^2=13^2-5^2=144$　　BC>0 より，BC=12 cm

△ABD∽△ACB より，BD：CB=BA：CA　　BD：12=5：13

$BD=\frac{12\times5}{13}=\frac{60}{13}$ (cm)　…答

ポイント 直径に対する円周角は直角であることから，三平方の定理が利用できる。

Challenge! －実戦問題－

解答 ➡ 別冊 p.21

1 右の図のように，線分 AB を直径とする半円があり，AB=8 cm とする。$\overset{\frown}{AB}$ 上に点Cを，∠ABC=30° となるようにとる。線分 AB の中点をDとし，点Dを通り線分 AB に垂直な直線と線分 BC との交点をEとする。このとき，次の問いに答えなさい。〔北海道〕

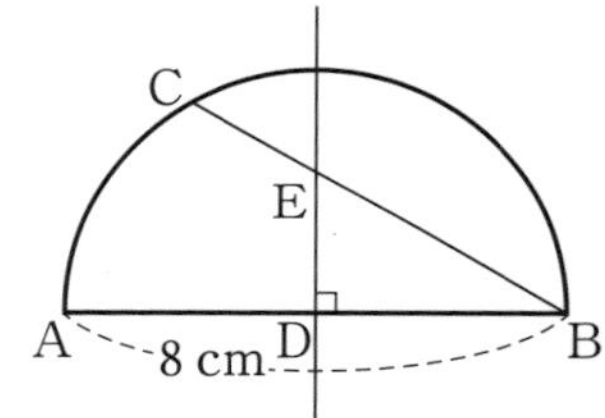

(1) 線分 DE の長さを求めなさい。

(2) △BCD を，線分 AB を軸として 1 回転させてできる立体の体積を求めなさい。

2 下の図1のように，中心O，半径 3 cm の球と，その球面上にすべての頂点がある立方体 ABCD-EFGH がある。図2はそれぞれ図1の平面 ABCD，平面 ABFE で球を切ったときの切り口である。また，図3は，4点A，E，G，Cを通るように球を切った切り口である。このとき，立方体 ABCD-EFGH の体積を求めなさい。　〔岩手県-改〕

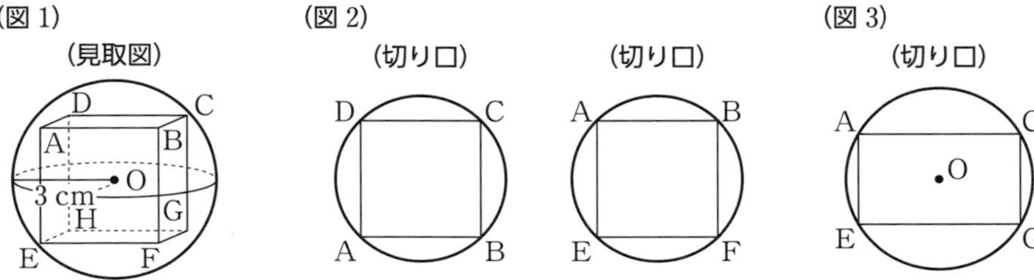

3 右の図のように，半径 5 cm の円Oがあり，線分 AB は円Oの直径である。線分 AB 上で AC：CB＝3：2 となる点をCとする。円Oの周上に2点A，Bと異なる点Dをとり，円Oと直線 CD との交点のうち，点Dと異なる点をEとする。このとき，次の問いに答えなさい。　〔茨城県〕

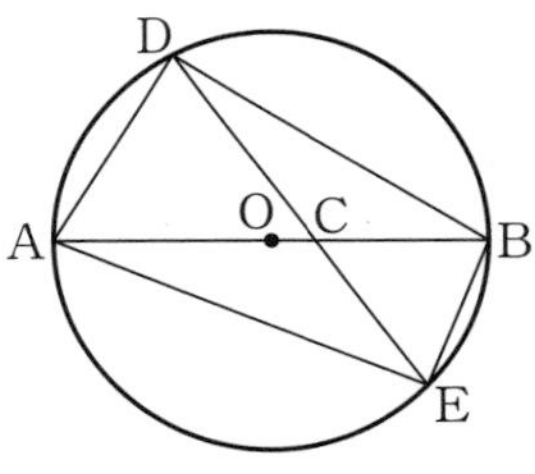

(1) △ACD∽△ECB であることを証明しなさい。

(2) AB⊥DE のとき，線分 AD の長さを求めなさい。

6 動く点と確率

ステップアップ学習

◎数直線上を動く点と確率

例題 数直線上を動く点Pが，最初に原点にある。さいころを２回投げて，１回目は出た目の数だけ正の方向に，２回目は出た目の数の２倍だけ負の方向に，点Pを移動させる。さいころを２回投げたあと，点Pが，座標の絶対値が１以下の範囲にある確率を求めなさい。

P
−2 −1 0 1 2 3 4 5 6

解説 さいころを２回投げるとき，目の出方は全部で36通り。
１回目に出る目をa，２回目に出る目をbとすると，さいころを２回投げたあと，点Pは$a-2b$の座標に移動していることになる。
$a-2b=-1$となるのは，$(a,\ b)=(1,\ 1),\ (3,\ 2),\ (5,\ 3)$の３通り。
$a-2b=0$となるのは，$(a,\ b)=(2,\ 1),\ (4,\ 2),\ (6,\ 3)$の３通り。
$a-2b=1$となるのは，$(a,\ b)=(3,\ 1),\ (5,\ 2)$の２通り。
よって，確率は，$\dfrac{3+3+2}{36}=\dfrac{8}{36}=\dfrac{2}{9}$ …答

ポイント 絶対値が１以下ということは，点Pの止まる座標は −1，0，1のいずれかである。

Challenge! −実戦問題−

解答 ➡ 別冊 p.22

1 右の図のような五角形OABCDがあり，最初に点Pは頂点Oの位置にある。大小２つのさいころを同時に１回投げて出た目の積の数だけ，五角形OABCDの頂点上を時計回りに点Pは移動する。このとき，点Pが頂点Aの位置に到達するか，または通りすぎた回数を得点とする。例えば，大小２つのさいころを同時に１回投げて出た目が１と３のとき積は３になり，点Pは頂点Oから頂点A→頂点B→頂点Cと移動し，頂点Aの位置を１回通りすぎたので得点は１点になる。このとき，次の問いに答えなさい。〔大分県〕

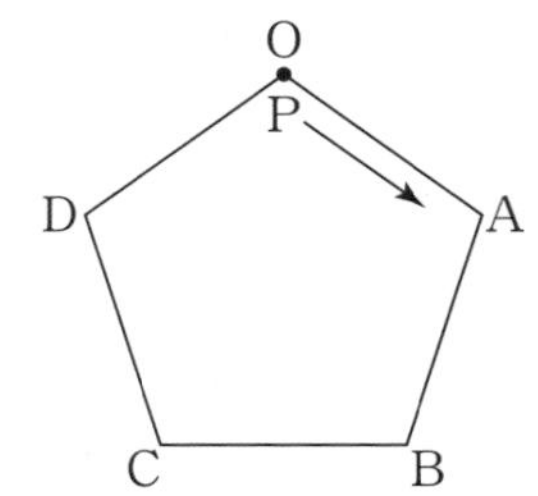

(1) もっとも大きい得点を求めなさい。

(2) 得点が2点になる確率を求めなさい。

2 下の図のようなA～Eのマスがあり，次の手順❶～❸にしたがってコマを動かす。

(図)

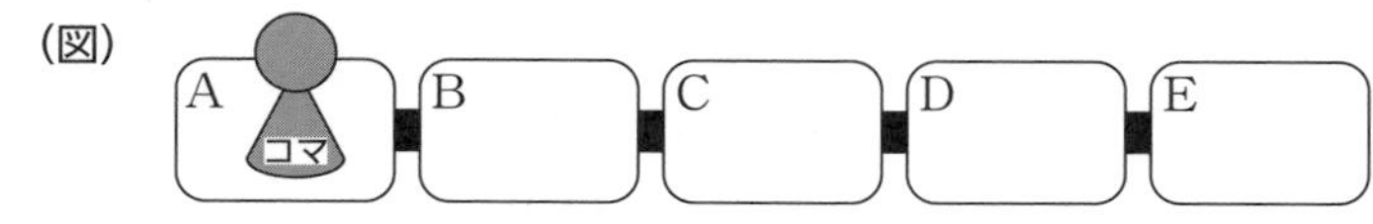

> (手順)
> ❶ はじめにコマをAのマスに置く。
> ❷ 1つのさいころを2回投げる。
> ❸ 1回目に出た目の数をa，2回目に出た目の数をbとし，「条件X」だけAから1マスずつコマを動かす。

ただし，コマの動かし方は，A→B→C→D→E→D→C→B→A→B→C→…… の順にAとEの間をくり返し往復させることとする。例えば，5だけAから1マスずつコマを動かすとDのマスに止まる。このとき，次の問いに答えなさい。〔茨城県〕

(1) 手順❸の「条件X」を，「aとbの和」とする。

① Eのマスに止まる確率を求めなさい。

② コマが止まる確率がもっとも大きくなるマスを，A～Eの中から1つ選んで，その記号を書きなさい。また，その確率を求めなさい。

(2) 手順❸の「条件X」を，「aのb乗」とする。1回目に4の目が出て，2回目に5の目が出たとき，コマが止まるマスを，A～Eの中から1つ選んで，その記号を書きなさい。

総合テスト

解答 ➡ 別冊 p.22

点/100

1 次の問いに答えなさい。 [3点×6]

(1) $8\times\left(-\frac{3}{2}\right)^2-(-4^2)$ を計算しなさい。 〔京都府〕

(2) $3a^2b\times4ab^2\div2ab$ を計算しなさい。 〔鳥取県〕

(3) $(3x+7)(3x-7)-9x(x-1)$ を計算しなさい。 〔熊本県〕

(4) $5\sqrt{6}+2\sqrt{24}-\frac{6\sqrt{3}}{\sqrt{2}}$ を計算しなさい。 〔三重県〕

(5) 2次方程式 $(x-2)(x+3)=-2x$ を解きなさい。 〔長崎県〕

(6) ある工場で作られた製品の中から，100個の製品を無作為に抽出して調べたところ，その中の2個が不良品であった。この工場で作られた4500個の製品の中には，何個の不良品がふくまれていると推定できるか，およその個数を求めなさい。 〔栃木県〕

2 次の問いに答えなさい。 [4点×2]

(1) 右の図のように，底面の半径が3 cm，母線の長さが6 cmである円錐の側面積を求めなさい。 〔鳥取県〕

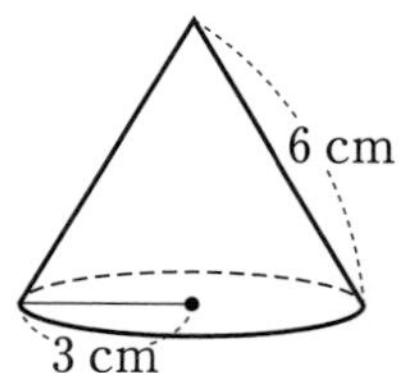

(2) 右の図のように，$\ell /\!/ m$ のとき，$\angle x$ の大きさを求めなさい。 〔大分県〕

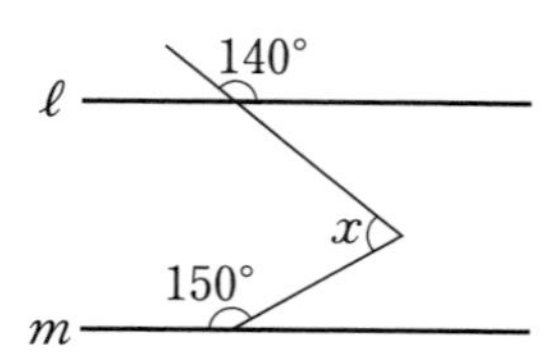

3 右の図は，ある中学校における生徒会新聞の記事の一部である。この記事を読んで，先月の公園清掃ボランティアと駅前清掃ボランティアの参加者数はそれぞれ何人か，求めなさい。〔和歌山県〕

［6点］

清掃ボランティア参加者数　**大幅増加！**

★公園清掃ボランティアの参加者数
先月より **50**%増加！

★駅前清掃ボランティアの参加者数
先月より **20**%増加！

★公園清掃ボランティアの参加者数と駅前清掃ボランティアの参加者数の合計
先月より **30**%増加！

○先月は公園清掃ボランティアの参加者数が，駅前清掃ボランティアの参加者数より**30人**も少なかったので，公園清掃ボランティアへの参加の呼びかけを強化しました。
その結果，今月は先月に比べ，どちらも参加者数が増加しました。

★ご協力ありがとうございました。

4 右の図1のような，面 ABCD を底面とする，縦 60 cm，横 30 cm，高さ 40 cm の直方体がある。この直方体を図2のように，面 PQRS を底面とする，縦 60 cm，横 80 cm，高さ 60 cm の直方体の形をした水そうの中に，面 ABCD が面 PQRS 上にあり，辺 BC が辺 QR に重なるように固定する。この水そうに一定の割合で水を入れたところ，水を入れ始めてから1分後に水面の高さが 4 cm になった。水を入れ始めてから x 分後の水面の高さを y cm とするとき，次の問いに答えなさい。ただし，水そうは水平に固定されており，水そうの厚さは考えないものとする。〔三重県-改〕

［6点×3］

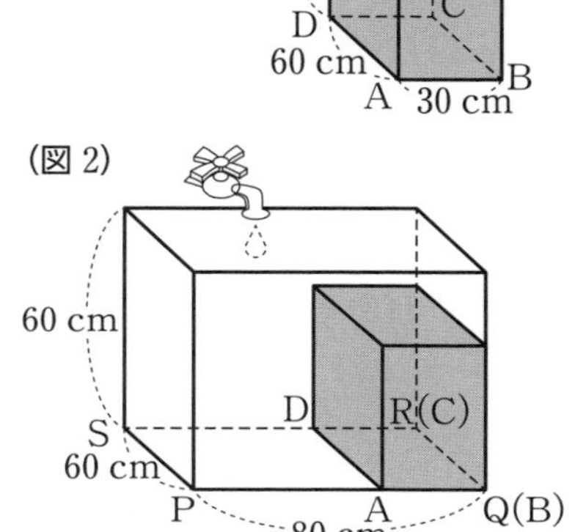

(1) 満水になるのは，水を入れ始めてから何分後か，求めなさい。

(2) 水を入れ始めてから満水になるまでの，x と y の関係を表すグラフはどのようになるか，次の**ア**～**エ**から最も適切なものを1つ選び，その記号を書きなさい。

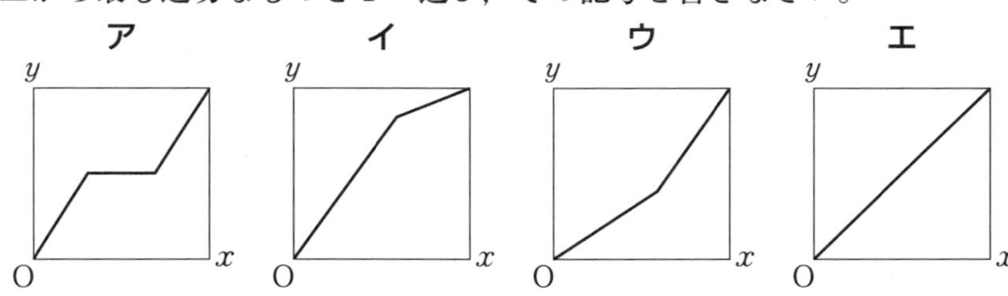

(3) 水面の高さが 40 cm になったときから，満水になるまでの y を x の式で表しなさい。

5 右の図のように，△ABC と点Dがある。このとき，次の条件を満たす円の中心Oを作図によって求めなさい。ただし，三角定規の角を利用して直線をひくことはしないものとし，作図に用いた線は消さずに残しておくこと。 〔千葉県〕［6点］

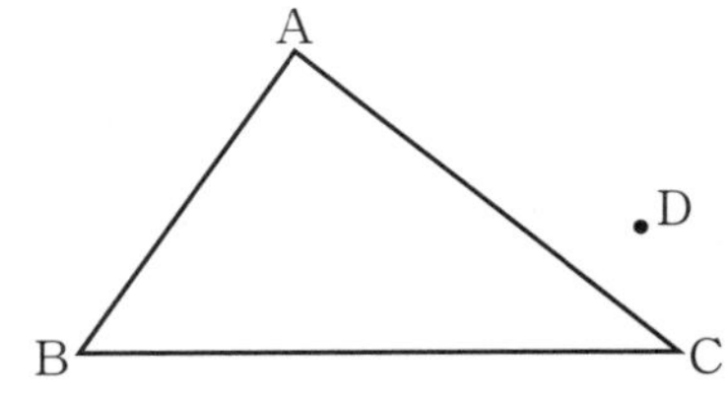

条件
- 円の中心Oは，２点 A，D から等しい距離にある。
- 辺 AC，BC は，ともに円Oに接する。

6 図のように，関数 $y=\frac{8}{x}$ のグラフ上に２点 A，B があり，点Aの x 座標は４，線分 AB の中点は原点Oである。また，点Aを通る関数 $y=ax^2$ のグラフ上に点Cがあり，直線 CA の傾きは負の数である。このとき，次の問いに答えなさい。 〔兵庫県〕

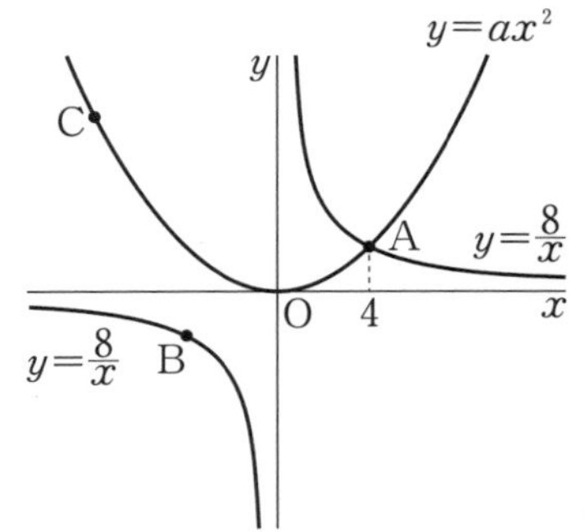

(1) 点Bの座標を求めなさい。 ［5点］

(2) a の値を求めなさい。 ［5点］

(3) 点Bを通り，直線 CA に平行な直線と，y 軸との交点をDとすると，△OAC と △OBD の面積比は 3：1 である。 ［6点×2］

① 次の ア ～ ウ にあてはまる数をそれぞれ求めなさい。

点Cの x 座標は， ア である。また，関数 $y=ax^2$ について，x の変域が ア $\leqq x \leqq 4$ のときの y の変域は イ $\leqq y \leqq$ ウ である。

② x 軸上に点Eをとり，△ACE をつくる。△ACE の３辺の長さの和が最小となるとき，点Eの x 座標を求めなさい。

7 右の図のように，平行四辺形 ABCD の辺 AB，BC 上に AC∥EF となるような点 E，F をとる。次に，C，D，E，F の文字を 1 つずつ書いた 4 枚のカードをよくきって，2 枚同時に引き，2 枚のカードに書かれた文字が表す 2 つの点と点Aの 3 点を結んで三角形をつくる。その 3 点を頂点とする三角形が，△DFC と同じ面積になる確率を求めなさい。

〔滋賀県〕[6点]

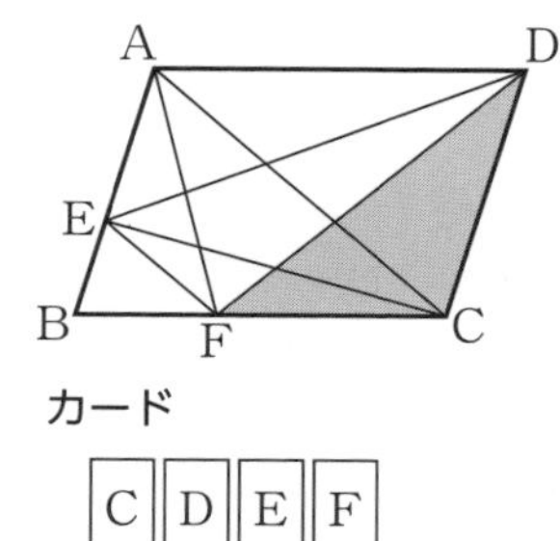

8 たろうさんは，街灯の光でできる自分の影が，立つ位置によって変化することに興味を持ち，街灯の光でできる影について調べることにした。右の図 1 は，点Pを光源とする街灯の支柱 PQ が地面に対して垂直に立っており，点 P からまっすぐに進んだ光が，地面に垂直に立てた長方形 ABCD の板にあたるときに，四角形 ABEF の影ができるようすを表したものである。このとき，PQ＝4 m，AD＝1 m，CD＝2 m である。線分 AB の中点をRとするとき，∠ARQ の角度と，線分 QR の長さを変えてできる四角形 ABEF の長さや面積について考える。このとき，次の問いに答えなさい。

〔大分県〕

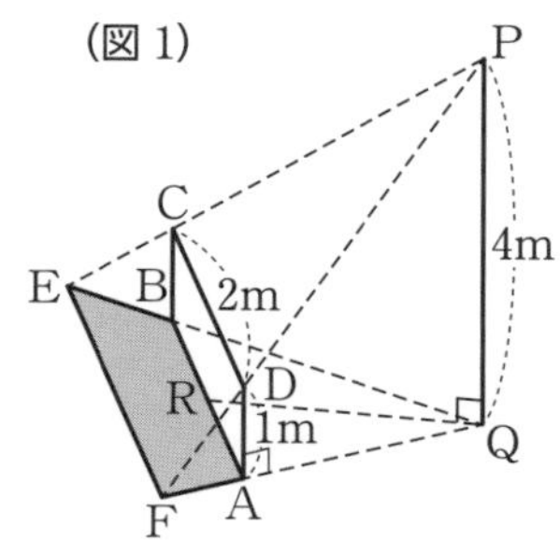

(1) ∠ARQ を直角にするとき，線分 QR の長さによって変化する四角形 ABEF について考える。右の図 2 のように，直線 QR と線分 EF の交点をSとし，線分 PS と辺 CD の交点をTとする。次の問いに答えなさい。

[5点×2]

① 線分 QR の長さを 3 m とするとき，△PQS∽△TRS であることを利用して，線分 RS の長さを求めなさい。

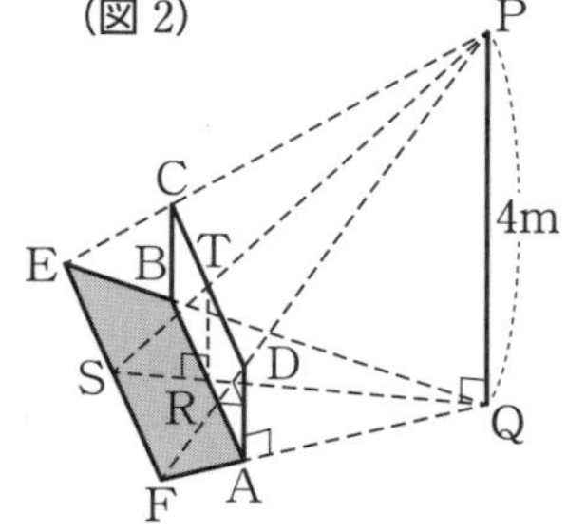

② 線分 QR の長さを a m とするとき，四角形 ABEF の面積を a を使って表しなさい。

(2) 右の図 3 のように，∠ARQ が鋭角のとき，線分 EF の長さを求めなさい。

[6点]

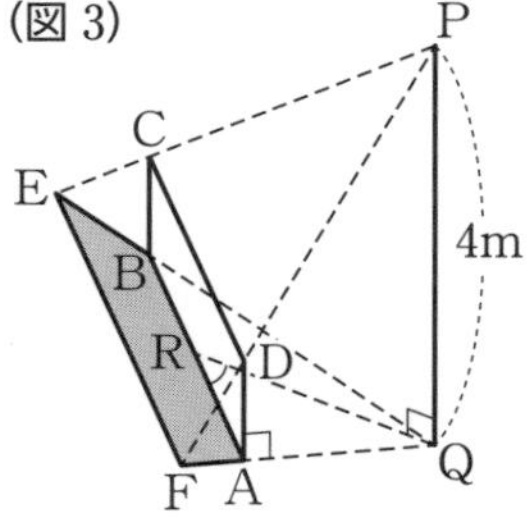

初版
第１刷　2021年12月１日　発行
第２刷　2023年２月１日　発行

●編 者
数研出版編集部
●カバー・表紙デザイン
有限会社アーク・ビジュアル・ワークス

発行者　星野 泰也

ISBN978-4-410-15049-4

チャート式® 中学数学　総仕上げ

発行所　数研出版株式会社

〒101-0052 東京都千代田区神田小川町２丁目３番地３
〔振替〕00140-4-118431
〒604-0861 京都市中京区烏丸通竹屋町上る大倉町205番地
〔電話〕代表 (075)231-0161
ホームページ　https://www.chart.co.jp
印刷　創栄図書印刷株式会社
乱丁本・落丁本はお取り替えいたします　230102

チャート式 中学数学総仕上げ

解答と解説

復習編

1 数と式の計算①

Check! 本冊 ➡ p.4

1 ① イ，オ ② エ ③ オ
④ オ，イ，ウ，エ，ア

2 ① -9 ② -3 ③ -4 ④ 7 ⑤ 24
⑥ -6

3 ① 45 ② -8 ③ -2 ④ -12 ⑤ 2

4 ① 9 ② -3 ③ -4 ④ 5 ⑤ 24
⑥ -11 ⑦ $2\times3^2\times5$

5 ① $5y^2$ ② $\dfrac{7a}{b}$

6 ① 2 ② $9a^3$，b^2，-1 ③ 3

7 ① $-5a$ ② $3b$ ③ $2a-4b$ ④ $\dfrac{1}{3}$
⑤ $-3x+2y$ ⑥ 6 ⑦ 6 ⑧ $\dfrac{13x-11y}{6}$
⑨ $\dfrac{1}{4y}$ ⑩ $-3xy^2$

8 ① 2 ② -2 ③ 2 ④ -5 ⑤ -20

9 ① $\dfrac{1}{2}x-3=y$ ② $\dfrac{1}{2}x=y+3$ ③ 2

Try! 本冊 ➡ p.6

1 (1) 3.2 (2) $\dfrac{13}{12}$ (3) -24 (4) -64 (5) -8
(6) $\dfrac{2}{5}$ (7) 18 (8) -230

2 (1) $6x-3$ (2) $7x+13$ (3) $-4x+3y+1$
(4) $-4x-8y-5$ (5) $\dfrac{19a-2b}{6}$
(6) $\dfrac{a-17b}{10}$ (7) $2a^3$ (8) $6b^2$

3 (1) 15 (2) 3

4 (1) $x=\dfrac{3y+12}{2}$ (2) $r=\dfrac{2S}{\ell}$

5 (1) $2^2\times3\times5^2\times7$ (2) 21

6 (1) 16 cm (2) 160 cm

7 (1) m，n を整数として，2 つの偶数を $2m$，$2n$ と表す。このとき，これらの積は
$2m\times2n=4mn=2(2mn)$
$2mn$ は整数なので，$2(2mn)$ は偶数である。よって，2 つの偶数の積は偶数である。
(2) m，n を整数として，5 でわると 1 余る数を $5m+1$，5 でわると 4 余る数を $5n+4$ と表す。このとき，これらの和は，
$5m+1+(5n+4)=5m+5n+5$
$=5(m+n+1)$
$m+n+1$ は整数なので，$5(m+n+1)$ は 5 の倍数である。よって，5 でわると 1 余る数と 5 でわると 4 余る数の和は，5 の倍数である。

解説

1 (1) 項を並べた式で表して計算する。正の項，負の項でまとめる方法や，左から順に計算する方法などがある。
$-2.1-(-0.5)+4.8=-2.1+0.5+4.8$
$=-1.6+4.8=3.2$
(2) $-\dfrac{5}{6}+\dfrac{8}{3}+\left(-\dfrac{3}{4}\right)=-\dfrac{10}{12}+\dfrac{32}{12}-\dfrac{9}{12}$
$=\dfrac{22}{12}-\dfrac{9}{12}=\dfrac{13}{12}$
(3) $-2\times(-1)\times3\times(-4)=-(2\times1\times3\times4)$
$=-24$
(4) $-4^3=-(4\times4\times4)=-64$
(5) 除法は逆数をかける乗法になおす。
$12\div\left(-\dfrac{4}{3}\right)\div\dfrac{9}{8}=-\left(12\times\dfrac{3}{4}\times\dfrac{8}{9}\right)=-8$
(6) $-\dfrac{1}{3}\div\dfrac{2}{9}\times\left(-\dfrac{4}{15}\right)=\dfrac{1}{3}\times\dfrac{9}{2}\times\dfrac{4}{15}=\dfrac{2}{5}$
(7) $6\times\left(-\dfrac{1}{3}\right)+5\times(2-4)^2=-2+5\times(-2)^2$
$=-2+5\times4=18$
(8) 分配法則を利用すると計算が簡単になる。
$-23\times3.7+6.3\times(-23)$
$=3.7\times(-23)+6.3\times(-23)$
$=(3.7+6.3)\times(-23)$
$=10\times(-23)=-230$

2 (1) $5x+x-3=(5+1)x-3=6x-3$
(2) $(x+1)-(-6x-12)=x+1+6x+12$

$=x+6x+1+12=7x+13$

(3) 分配法則を利用してかっこをはずす。

$(-12x+9y+3)\div3$

$=-12x\div3+9y\div3+3\div3$

$=-4x+3y+1$

(4) $-5(x+y+1)+\frac{1}{2}(2x-6y)$

$=-5x-5y-5+x-3y$

$=-5x+x-5y-3y-5$

$=-4x-8y-5$

(5) $3a-b+\frac{a+4b}{6}=\frac{18a-6b+a+4b}{6}$

$=\frac{18a+a-6b+4b}{6}=\frac{19a-2b}{6}$

(6) $\frac{a-3b}{2}-\frac{2a+b}{5}=\frac{5a-15b-(4a+2b)}{10}$

$=\frac{5a-4a-15b-2b}{10}=\frac{a-17b}{10}$

(7) $\frac{1}{2}a\times(-2a)^2=\frac{1}{2}\times4\times a\times a^2=2a^3$

(8) $12ab^2\div4ab\times2b=\frac{12ab^2\times2b}{4ab}=6b^2$

3 式をできるだけ簡単にしてから代入する。負の数はかっこをつけて代入する。

(1) $8(-2x+y)-(4x+2y)$

$=-16x+8y-4x-2y$

$=-20x+6y=-20\times\left(-\frac{3}{5}\right)+6\times\frac{1}{2}$

$=12+3=15$

4 (1) $2x-3y=12$

$-3y$ を移項して，$2x=3y+12$

両辺を 2 でわって，$x=\frac{3y+12}{2}$

5 (2) $2100=2^2\times3\times5^2\times7$ に $3\times7(=21)$ をかけると，$2^2\times3^2\times5^2\times7^2=(2\times3\times5\times7)^2=210^2$ となる。

6 (1) $9-(-7)=16$ (cm)

(2) Cの身長とのちがいの平均は，

$(-7+2+0-3-5+9+11)\div7=1$ (cm)

よって，Cの身長は，$166-1=165$ (cm)

Eの身長はCより 5 cm 低く，

$165-5=160$ (cm)

7 (2)「連続する」などの条件がないので，2 つの数を表すのに，同じ文字を使ってはいけない。整数 m を使って $5m+1$，$5m+4$ と表した場合，たとえば 6 と 9 で成り立つことはいえるが，6 と 14 でも成り立つとはいえないことになる。

2 数と式の計算②

Check!

本冊 ➡ p.8

1 ① $-2a^2-ab$ ② $4a-2$ ③ $x^2+8x+15$
④ x^2+2x+1 ⑤ x^2-6x+9 ⑥ x^2-49

2 ① $2x(x-3)$ ② 3 ③ $(x+3)(x-2)$ ④ 3
⑤ $(x+3)^2$ ⑥ $(x-2)^2$ ⑦ $(x+5)(x-5)$

3 ① 3 ② 10609

4 ① ア ② 有理数 ③ 無理数 ④ 有理数

5 ① 3 ② 3 ③ 2 ④ $6\sqrt{6}$ ⑤ $\frac{2\sqrt{2}}{9}$
⑥ $\sqrt{3}$

6 ① $5\sqrt{2}$ ② 5 ③ 3 ④ 2 ⑤ $4\sqrt{3}$
⑥ $\sqrt{2}$ ⑦ $\sqrt{6}$ ⑧ 3 ⑨ $-\frac{\sqrt{6}}{6}$

7 ① $11+5\sqrt{5}$ ② 2 ③ 3

8 ① 有効数字 ② 1.5

Try!

本冊 ➡ p.10

1 (1) $a^2+11a+30$ (2) $a^2-3ab-10b^2$
(3) $4a^2-4ab+b^2$ (4) a^2-81
(5) $a^2+4ab+4b^2-2a-4b+1$
(6) a^2-b^2-6b-9

2 (1) $(x-3)(x-4)$ (2) $(x+7)^2$
(3) $x(y+2)(y-10)$ (4) $(x+2)(x-9)$
(5) $(x-1)(x-7)$ (6) $(x+y-6)(x+y+9)$

3 (1) 2 (2) $\sqrt{6}$ (3) $\frac{7\sqrt{3}+\sqrt{2}}{12}$ (4) $2\sqrt{3}$
(5) $1+3\sqrt{3}$ (6) $7-2\sqrt{6}$

4 (1) 3500 (2) $10-4\sqrt{6}$

5 (1) 2 (2) $40\sqrt{3}$

6 (1) 2，8，50，200 (2) 5
(3) ① $3465\leqq a<3475$ ② 3.5×10^3 km

7 n を整数として，連続する 2 つの奇数を $2n-1$，$2n+1$ と表す。
このとき，これらの 2 乗の和は，
$(2n-1)^2+(2n+1)^2$
$=4n^2-4n+1+4n^2+4n+1=8n^2+2$
n^2 は整数なので，$8n^2$ は 8 の倍数である。
よって，連続する 2 つの奇数の 2 乗の和を 8 でわると 2 余る。

解説

1 (1) $(a+5)(a+6)=a^2+(5+6)a+5\times6$

$=a^2+11a+30$

(2) $(a+2b)(a-5b)$

$=a^2+(2-5)ab+2\times(-5)b^2$

$=a^2-3ab-10b^2$

(3) $(2a-b)^2=(2a)^2-2\times 2a\times b+b^2$
$=4a^2-4ab+b^2$

(4) $(9+a)(a-9)=(a+9)(a-9)=a^2-81$

(5) $a+2b=X$ とおく。
$(a+2b-1)^2=(X-1)^2=X^2-2X+1$
$=(a+2b)^2-2(a+2b)+1$
$=a^2+4ab+4b^2-2a-4b+1$

(6) $3+b=X$ とおく。
$(a+3+b)(a-3-b)=(a+X)(a-X)$
$=a^2-X^2=a^2-(3+b)^2=a^2-b^2-6b-9$

2 (3) $xy^2-8xy-20x=x(y^2-8y-20)$
$=x(y+2)(y-10)$

(4) $(x-6)(x+3)-4x=x^2-3x-18-4x$
$=x^2-7x-18=(x+2)(x-9)$

(5) $x-4=X$ とおく。
$(x-4)^2-9=X^2-9=(X+3)(X-3)$
$=(x-1)(x-7)$

(6) $x+y=X$ とおく。
$(x+y)^2+3(x+y)-54=X^2+3X-54$
$=(X-6)(X+9)=(x+y-6)(x+y+9)$

3 (1) $(\sqrt{75}-\sqrt{27})\div 3=(5\sqrt{3}-3\sqrt{3})\div\sqrt{3}$
$=5-3=2$

(2) $\dfrac{\sqrt{24}}{3}+\dfrac{\sqrt{2}}{\sqrt{3}}=\dfrac{2\sqrt{6}}{3}+\dfrac{\sqrt{6}}{3}=\dfrac{3\sqrt{6}}{3}$
$=\sqrt{6}$

(3) $\dfrac{\sqrt{48}-\sqrt{8}}{3}-\dfrac{\sqrt{27}-\sqrt{18}}{4}$
$=\dfrac{4\sqrt{3}-2\sqrt{2}}{3}-\dfrac{3\sqrt{3}-3\sqrt{2}}{4}$
$=\dfrac{16\sqrt{3}-8\sqrt{2}-9\sqrt{3}+9\sqrt{2}}{12}$
$=\dfrac{7\sqrt{3}+\sqrt{2}}{12}$

(4) $\sqrt{27}+\sqrt{3}-\dfrac{6}{\sqrt{3}}=3\sqrt{3}+\sqrt{3}-\dfrac{6\sqrt{3}}{3}$
$=2\sqrt{3}$

(5) $(1+\sqrt{3})(4-\sqrt{3})$
$=4+(-1+4)\sqrt{3}-3=1+3\sqrt{3}$

(6) $(\sqrt{2}-\sqrt{3})^2-(\sqrt{3}-\sqrt{5})(\sqrt{3}+\sqrt{5})$
$=2-2\sqrt{6}+3-(3-5)=7-2\sqrt{6}$

4 (1) $67.5^2-32.5^2=(67.5+32.5)(67.5-32.5)$
$=100\times 35=3500$

(2) $(\sqrt{6}-2)^2=6-2\times 2\times\sqrt{6}+4=10-4\sqrt{6}$

5 (1) $9x(x+3)-(3x+2)^2$
$=9x^2+27x-9x^2-12x-4$
$=15x-4=15\times\dfrac{2}{5}-4=2$

(2) $x^2-y^2=(x+y)(x-y)$
$=(2\sqrt{3}+5+2\sqrt{3}-5)(2\sqrt{3}+5-2\sqrt{3}+5)$
$=4\sqrt{3}\times 10=40\sqrt{3}$

別解 $x^2=(2\sqrt{3}+5)^2$
$=12+2\times 2\sqrt{3}\times 5+25=37+20\sqrt{3}$
$y^2=(2\sqrt{3}-5)^2$
$=12-2\times 2\sqrt{3}\times 5+25=37-20\sqrt{3}$
$x^2-y^2=37+20\sqrt{3}-(37-20\sqrt{3})$
$=40\sqrt{3}$

6 (1) $\dfrac{200}{n}=\dfrac{2^3\times 5^2}{n}$ が自然数の平方になればよい。
$\dfrac{2^3\times 5^2}{n}$ は，$n=2$ のとき $2^2\times 5^2=(2\times 5)^2$，
$n=2^3$ のとき 5^2，$n=2\times 5^2$ のとき 2^2，
$n=2^3\times 5^2$ のとき 1^2 となる。
よって，$n=2$，8，50，200

(2) $3\sqrt{7}=\sqrt{63}$ であり，さらに，
$7=\sqrt{49}<\sqrt{63}<\sqrt{64}=8$ より，
$3\sqrt{7}$ の整数部分は 7 であることがわかる。
よって，$3\sqrt{7}-2$ の整数部分は $7-2=5$

(3)① たとえば 3474.5 も a の値の範囲にふくまれるため，$a\leqq 3474$ とするのは誤りである。

7 連続する 2 つの奇数は，たとえば $2n+1$ と $2n+3$ のように表してもよい。

3 1次方程式／連立方程式

Check! 本冊 ➡ p.12

1 ① x ② 2 ③ 4 ④ $4x$ ⑤ 10 ⑥ -6
⑦ $15x$ ⑧ 40 ⑨ 6 ⑩ 2 ⑪ $3x$
⑫ $4x+2$ ⑬ 4

2 ① 2 ② 2 ③ 4

3 ① $2x-1$ ② $3x$ ③ $10x$ ④ $\dfrac{5}{7}$

4 ① $x-3$ ② 13 ③ 10

5 ① $-7x-14y$ ② $-11y$ ③ 10 ④ $x+1$
⑤ $5x$ ⑥ 1

6 ① $2x-5y$ ② $4x-10y$ ③ 2

7 ① 2800 ② $\dfrac{y}{200}$ ③ $2y$

Try! 本冊 ➡ p.14

1 (1) $x=2$ (2) $x=-3$ (3) $x=-4$ (4) $x=-1$

2 (1) $x=7$, $y=10$　(2) $x=5$, $y=-2$
(3) $x=2$, $y=-3$　(4) $x=-1$, $y=2$
3 (1) $x=4$　(2) $x=3$, $y=1$　(3) $a=2$, $b=-5$
4 75 点
5 16 分後に，残り 220 m の地点で追いつく。
6 2800 円
7 男子 159 人，女子 120 人
8 $x=240$, $y=160$

解説

1 (2) 両辺に 100 をかけて，
$-2x+10=-10x-14$
$-2x+10x=-14-10$
$8x=-24$　　$x=-3$
(3) 両辺に 36 をかけて，
$9(3x+2)-4(4x-11)=6(x+7)$
$27x-16x-6x=42-18-44$　　$x=-4$
(4) 両辺に 50 をかけて，$29x-41=20x-50$
$29x-20x=-50+41$
$9x=-9$　　$x=-1$

2 方程式を上から順に ①，②とする。
(2) ①の両辺に 10 をかけて，
$4x-5y=30$ …… ③
$$\begin{array}{lrl} ②\times4 & 12x+8y= & 44 \\ ③\times3 & -)\ 12x-15y= & 90 \\ \hline & 23y= & -46 \end{array}\qquad y=-2$$
②に代入して，$3x-4=11$　　$x=5$
(3) ①の両辺に 10 をかけて整理すると，
$5x+2y=4$
②を代入して，$5(y+5)+2y=4$
$5y+2y=4-25$　　$y=-3$
②に代入して，$x=-3+5=2$
(4) ①の両辺に 6 をかけて整理すると，
$9x-16y=-41$ …… ③
②の両辺に 100 をかけて，
$10x+8y=6$ …… ④
$$\begin{array}{lrl} ③ & 9x-16y= & -41 \\ ④\times2 & +)\ 20x+16y= & 12 \\ \hline & 29x\quad = & -29 \end{array}\qquad x=-1$$
④に代入して，$-10+8y=6$　　$y=2$

3 (1) 比例式の性質より，$4(3x-2)=5(x+4)$
$12x-8=5x+20$　　$7x=28$　　$x=4$
(2) 連立方程式 $\begin{cases} 2x-y=5 & \cdots\cdots ① \\ x-2y=1 & \cdots\cdots ② \end{cases}$ として解く。
$$\begin{array}{lrl} ① & 2x-y= & 5 \\ ②\times2 & -)\ 2x-4y= & 2 \\ \hline & 3y= & 3 \end{array}\qquad y=1$$
①に代入して，$2x-1=5$　　$x=3$
(3) 方程式に解を代入して，
連立方程式 $\begin{cases} 3a-2b=16 & \cdots\cdots ① \\ 3b-2a=-19 & \cdots\cdots ② \end{cases}$ を解く。
$$\begin{array}{lrl} ①\times2 & 6a-4b= & 32 \\ ②\times3 & +)\ -6a+9b= & -57 \\ \hline & 5b= & -25 \end{array}\qquad b=-5$$
①に代入して，$3a+10=16$　　$a=2$

4 女子の平均点が x 点だったとすると，クラス全体の平均点について，
$\dfrac{65\times22+x\times18}{40}=69.5$
これを解いて，$x=75$

5 妹が出発してから x 分後に兄が妹に追いつくとすると，2 人が移動した道のりについて，
$80x=320(x-12)$
これを解いて，$x=16$
$1500-80\times16=220$ (m)

6 シャツ 1 枚の定価を x 円とすると，代金について，
$x+(x-980)=3(x-0.45x)$
これを解いて，$x=2800$

7 昨年度の男子の入学者数を x 人，女子の入学者数を y 人とすると，昨年度の入学者数について，
$x+y=279-4$ …… ①
昨年度と今年度の入学者数の差について，
$0.06x-0.04y=4$ …… ②
①，②を連立方程式として解いて，
$x=150$, $y=125$
よって，今年度の入学者数は，
男子は $150\times(1+0.06)=159$ (人)，
女子は $279-159=120$ (人)

8 できた食塩水の重さについて，
$x+y=400$ …… ①
できた食塩水にふくまれる食塩の重さについて，
$x\times0.09+y\times0.04=400\times0.07$
$0.09x+0.04y=28$ …… ②
①，②を連立方程式として解いて，
$x=240$, $y=160$

4 2次方程式

Check! 本冊 ➡ p.16

1 ① 5 ② 0 ③ 2 ④ 4 ⑤ -2 ⑥ 9 ⑦ 3 ⑧ -3 ⑨ $5x$ ⑩ 2 ⑪ 7 ⑫ -2

2 ① $2\sqrt{3}$ ② $-3\pm2\sqrt{3}$ ③ $2x$ ④ 2 ⑤ -1 ⑥ $-\frac{1}{2}$

3 ① 7 ② -4 ③ 2 ④ -4 ⑤ 3 ⑥ 3 ⑦ $-3\pm2\sqrt{2}$

4 ① 9 ② -1 ③ x ④ 4

5 ① $x+1$ ② $x+2$ ③ -1 ④ 3, 4, 5

6 ① $x-4$ ② 0 ③ 12

Try! 本冊 ➡ p.18

1 (1) $x=0,\ -7$ (2) $x=2$ (3) $x=3,\ 5$ (4) $x=-7,\ 9$ (5) $x=\pm\frac{3}{2}$ (6) $x=-1,\ 11$ (7) $x=\frac{1}{2},\ -3$ (8) $x=\frac{3\pm\sqrt{17}}{2}$ (9) $x=4\pm\sqrt{13}$ (10) $x=-5,\ 6$

2 -2

3 $a=-14,\ b=49$

4 6, 7

5 2, 18

6 2 m

7 (1) 午後2時16分 (2) 分速200 m

解説

1 (5) $4x^2=9$ $x^2=\frac{9}{4}$ $x=\pm\frac{3}{2}$

(6) $x-5=\pm6$ $x=-1,\ 11$

(7) $(2x-1)(x+3)=0$ $x=\frac{1}{2},\ -3$

(8) $x=\frac{-(-3)\pm\sqrt{(-3)^2-4\times1\times(-2)}}{2\times1}$

$=\frac{3\pm\sqrt{17}}{2}$

(9) 式を整理すると，$x^2-8x+3=0$

$x=-(-4)\pm\sqrt{(-4)^2-1\times3}=4\pm\sqrt{13}$

(10) $x+1=X$ とおく。

$X^2-3X-28=0$ $(X+4)(X-7)=0$

$(x+5)(x-6)=0$ $x=-5,\ 6$

2 方程式に $x=-1+\sqrt{3}$ を代入して，

$(-1+\sqrt{3})^2+2(-1+\sqrt{3})+a=0$

$a+2=0$ $a=-2$

3 x^2 の係数が1で，$x=7$ のみを解にもつ方程式なので，$(x-7)^2=0$ すなわち $x^2-14x+49=0$ である。

4 2つの自然数を x，$x+1$ とすると，

$x^2+(x+1)^2=6(x+x+1)+7$

$x^2-5x-6=0$ $(x-6)(x+1)=0$

$x=6,\ -1$

x は自然数なので，$x=-1$ は適さない。

5 方程式を立てると，

$(x+7)(x+1)+15=28x-14$

$x^2-20x+36=0$ $(x-2)(x-18)=0$

$x=2,\ 18$

どちらも解として適する。

6 道幅を x m とすると，

$(14-x)(21-x)=228$

$x^2-35x+66=0$

$(x-2)(x-33)=0$

$x=2,\ 33$

道幅は14 m以上にならないので，$x=33$ は適さない。

(21−x) m
(14−x) m

7 (1)

Pさん
x分
Qさん
6分
x分
A
B
75x m
4400 m

2人が出発してから x 分後にすれちがうとすると，PさんがQさんとすれちがうまでに進んだ道のりは $75x$ m である。また，QさんはPさんとすれちがってから6分後に着くので，Qさんの速さは，分速

$\frac{75x}{6}=\frac{25}{2}x$ (m) である。

よって，QさんがPさんとすれちがうまでに進んだ道のりは $\frac{25}{2}x^2$ m なので，2人が進んだ道のりについて，

$75x+\frac{25}{2}x^2=4400$ $x^2+6x-352=0$

$(x-16)(x+22)=0$ $x=16,\ -22$

x は自然数なので，$x=-22$ は適さない。

(2) Qさんの速さは，分速 $\frac{25}{2}\times16=200$ (m)

5 比例と反比例

Check! 本冊 ➡ p.20

1 ① $60x$ ② 比例 ③ 60

2 ① 6 ② 2 ③ $3x$

3 ① 2 ② 3 ③ -2 ④ $-2x$

4 ① $\dfrac{8}{x}$ ② 反比例 ③ 8

5 ① $\dfrac{3}{2}$ ② -4 ③ $-\dfrac{6}{x}$

6 ① 4 ② -1 ③ $-\dfrac{4}{x}$

7 ① $25x$ ② 比例 ③ $\dfrac{490}{x}$ ④ 反比例

8 ① 姉 ② 4 ③ 500

Try! 本冊 ➡ p.22

1 (1) ① $y=4x$ ② 12

(2) ① $y=-\dfrac{2}{3}x$ ② -15

2 (1) ① $y=\dfrac{14}{x}$

② -7

(2) ① $y=-\dfrac{36}{x}$

② 3

3 (1) 右図

(2) $-4\leqq y\leqq 2$

4 (1) 右図

(2) $2\leqq y\leqq 6$

5 (1) $y=-\dfrac{3}{4}x$

(2) -3 (3) 12

6 (1) $y=\dfrac{10}{x}$

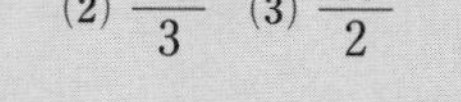

(2) $\dfrac{13}{3}$ (3) $\dfrac{65}{2}$

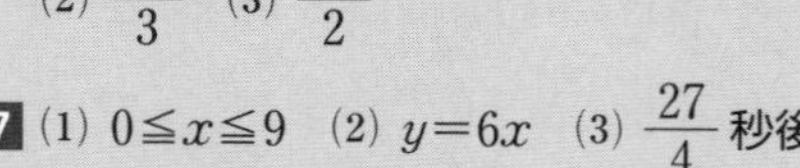

7 (1) $0\leqq x\leqq 9$ (2) $y=6x$ (3) $\dfrac{27}{4}$ 秒後

解説

1 (1)① 比例定数は $\dfrac{8}{2}=4$

② $x=3$ のとき，$y=4\times 3=12$

(2)① 比例定数は $\dfrac{6}{-9}=-\dfrac{2}{3}$

② $y=10$ のとき，$10=-\dfrac{2}{3}x$ $x=-15$

2 (1)① 比例定数は $7\times 2=14$

② $x=-2$ のとき，$y=\dfrac{14}{-2}=-7$

(2)① 比例定数は $9\times(-4)=-36$

② $y=-12$ のとき，$-12=-\dfrac{36}{x}$ $x=3$

3 (1)① 原点のほかに点 $(0,\ 2)$ などを通る直線。

② 原点のほかに点 $(3,\ -2)$ などを通る直線。

(2) $y=-\dfrac{2}{3}x$ に $x=-3$ を代入して，$y=2$

$y=-\dfrac{2}{3}x$ に $x=6$ を代入して，$y=-4$

よって，$-4\leqq y\leqq 2$

グラフが右下がりの直線のため，x が最小のとき y は最大，x が最大のとき y は最小となることに注意する。

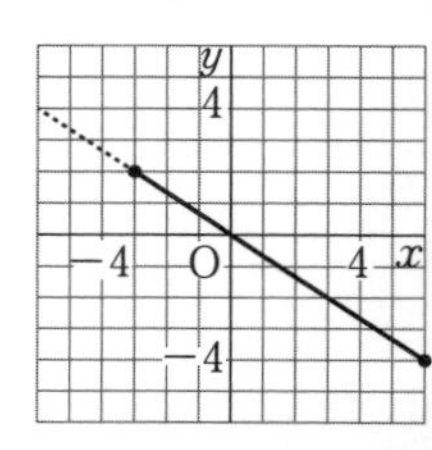

4 (2) y は，$x=3$ のときに最小値，$x=1$ のときに最大値をとる。

$y=\dfrac{6}{x}$ に $x=3$ を代入して，$y=2$

$y=\dfrac{6}{x}$ に $x=1$ を代入して，$y=6$

5 (1) $\mathrm{A}(-8,\ 6)$ を通るので，比例定数は

$-\dfrac{6}{8}=-\dfrac{3}{4}$

(2) $y=-\dfrac{3}{4}\times 4=-3$ より，y 座標は -3

(3) $\triangle\mathrm{ABC}$

$=\triangle\mathrm{CAO}+\triangle\mathrm{CBO}$

$=\dfrac{1}{2}\times 2\times 8+\dfrac{1}{2}\times 2\times 4$

$=12$

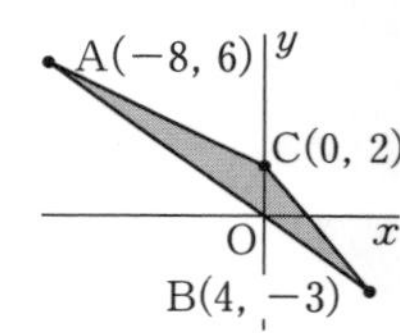

6 (1) $\mathrm{B}(5,\ 2)$ を通るので，比例定数は $5\times 2=10$

(2) 点Cの x 座標は $\dfrac{10}{15}=\dfrac{2}{3}$

$\mathrm{CD}=5-\dfrac{2}{3}=\dfrac{13}{3}$

(3) $\dfrac{1}{2}\times 15\times\dfrac{13}{3}=\dfrac{65}{2}$

7 (1) 点Pの速さは秒速 2 cm なので，

$18\div 2=9$（秒後）に点Aに着く。

(2) $y=\dfrac{1}{2}\times\left(2x-\dfrac{2}{3}x\right)\times 9=6x$

(3) $6x=\dfrac{1}{2}\times\dfrac{1}{2}\times 18\times 9$ $x=\dfrac{27}{4}$

6 1次関数

Check!

本冊 ➡ p.24

1 ① $2x+1$ ② 1次関数

2 ① 10 ② 5

3 ① 直線 ② 6 ③ 1

4 ① 4 ② -3 ③ $-3x+4$ ④ 7 ⑤ -1 ⑥ $7x-1$

5 ① $2x-4$ ② 2 ③ -4 ④ 2，1

6 ① 180 ② $180x-2160$ ③ $60x$

Try!

本冊 ➡ p.26

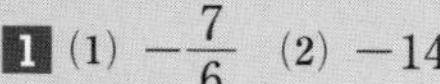

1 (1) $-\dfrac{7}{6}$ (2) -14

2 右図

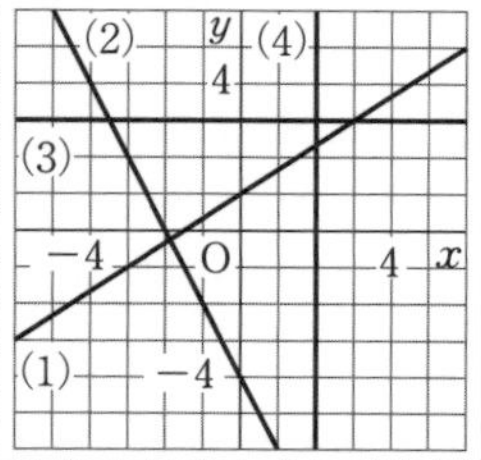

3 (1) $y=-7x+9$

(2) $y=\dfrac{3}{5}x+2$

(3) $y=4x+12$

(4) $y=-3x+1$

4 (1) (7，10) (2) $(-4,\ 2)$

5 $a=8$，$b=8$

6 毎分 3 L

7 (1) 時速 48 km (2) 3 回

8 $y=-5x+120$ $(0 \leqq x \leqq 8)$

解説

1 (1) 変化の割合は $-\dfrac{7}{6}$ で一定である。

(2) $\dfrac{y\text{の増加量}}{4-(-8)}=-\dfrac{7}{6}$ を解いて，

y の増加量は -14

2 (1) 式の両辺を 3 でわって $y=3$

x 軸に平行な直線になる。

(2) 式を整理して $x=2$

y 軸に平行な直線になる。

3 (1) $y=-7x+b$ に $x=2$，$y=-5$ を代入して，

$-5=-7\times2+b$　　$b=9$

(2) 平行な2直線は傾きが等しい。

(3) $y=4x+b$ に $x=-3$，$y=0$ を代入して，

$0=4\times(-3)+b$　　$b=12$

(4) 傾きは $\dfrac{7-(-8)}{-2-3}=-3$

$y=-3x+b$ に $x=-2$，$y=7$ を代入して，

$7=-3\times(-2)+b$　　$b=1$

4 (2) 直線 ℓ は 2 点 $(-2,\ 0)$，$(0,\ -2)$ を通っているので，傾きは $\dfrac{-2}{2}=-1$

よって，式は $y=-x-2$

直線 m は 2 点 $(-8,\ 0)$，$(0,\ 4)$ を通っているので，傾きは $\dfrac{4}{8}=\dfrac{1}{2}$

よって，式は $y=\dfrac{1}{2}x+4$

$-x-2=\dfrac{1}{2}x+4$ を解いて，$x=-4$

$y=-x-2$ に代入して，$y=2$

5 グラフは右下がりの直線なので，

$x=-8$ のとき $y=b$，$x=a$ のとき $y=-4$

$x=-8$，$y=b$ を $y=-\dfrac{3}{4}x+2$ に代入すると，

$b=-\dfrac{3}{4}\times(-8)+2=8$

$x=a$，$y=-4$ を $y=-\dfrac{3}{4}x+2$ に代入すると，

$-4=-\dfrac{3}{4}a+2$　　$a=8$

6 はじめの 5 分間で $26-16=10$ (L) 増えているので，注水量は毎分 2 L である。5 分後から 31 分後までの 26 分間で 26 L 減っているので，水は毎分 1 L 減っている。よって，排水する量は毎分 $2+1=3$ (L)

7 (1) $8\div\dfrac{10}{60}=48$ (km)

(2)

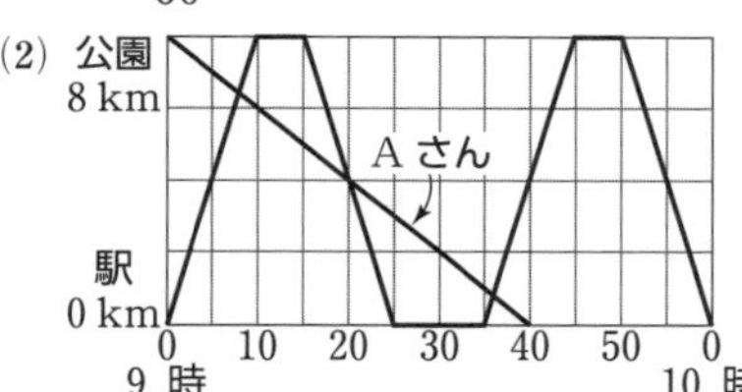

時速 12 km で駅に向かうAさんのグラフは上の図のようになる。バスのグラフと交わるところでバスと出会っている。

8 四角形 AQCP は台形である。

$y=\dfrac{1}{2}\times\{(24-3x)+2x\}\times10=-5x+120$

また，点Pが点Aに着くのは $24\div3=8$ (秒後)

7 関数 $y=ax^2$

Check!　本冊 ➡ p.28

1 ① $6x^2$　② 2 乗に比例　③ 6
2 ① 上　② 下　③ イ
3 ① 2　② 8　③ 2　④ 8　⑤ 0　⑥ 0
4 ① 27　② 3
5 ① 45　② 15
6 ① −1　② 8　③ 2　④ 2　⑤ 4　⑥ 4　⑦ 2　⑧ 6

Try!　本冊 ➡ p.30

1 (1) $y=-\frac{1}{2}x^2$
(2) 右図　(3) $\pm 2\sqrt{2}$

2 (1) $y=\frac{1}{4}x^2$　(2) 1
(3) $x=8$ のとき最大値 16,
$x=4$ のとき最小値 4
(4) $x=-6$ のとき最大値 9,
$x=0$ のとき最小値 0

3 (1) $a=\frac{1}{6}$, $b=0$　(2) 3

4 (1) $y=4.9x^2$　(2) 5 秒

5 (1) 2 cm²　(2) ① $y=\frac{1}{2}x^2$　② $y=3x$
(3) 4 秒後

6 (1) 8　(2) 2

7 27

解説

1 (3) $-4=-\frac{1}{2}x^2$　　$x^2=8$　　$x=\pm 2\sqrt{2}$

2 (2) y の増加量は $\frac{1}{4}\times 5^2-\frac{1}{4}\times(-1)^2=6$

よって，変化の割合は $\frac{6}{5-(-1)}=1$

別解　本冊 p.29 の式を利用すると，

$\frac{1}{4}\times(-1+5)=1$

(3)(4) グラフは下のようになる。

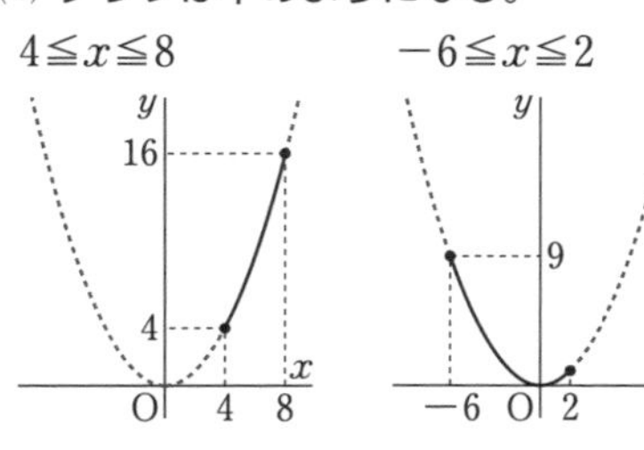

3 (1) $y\leqq\frac{8}{3}$ より，y が正の値をとるので，$a>0$
x の変域が 0 をふくむので，$b=0$
$x=-4$ のとき $y=16a$，$x=1$ のとき $y=a$
$a>0$ より $16a>a$ だから，y の最大値は $16a$ である。これが $\frac{8}{3}$ となるので，

$16a=\frac{8}{3}$　$a=\frac{1}{6}$

(2) (y の増加量) $=a\times 8^2-a\times(-7)^2=15a$
また，(y の増加量)
$=$(変化の割合)$\times$(x の増加量)
$=3\times\{8-(-7)\}=45$
$15a=45$　　$a=3$

4 (1) 式を $y=ax^2$ とおくと，$19.6=a\times 2^2$
(2) $122.5=4.9x^2$　　$x^2=25$
$x>0$ より，$x=5$

5 (1) 2 秒後，BP＝BQ＝2 cm となっているので，

$\triangle BPQ=\frac{1}{2}\times 2\times 2=2$ (cm²)

(2)① $y=\frac{1}{2}\times x\times x=\frac{1}{2}x^2$

② $y=\frac{1}{2}\times x\times 6=3x$

(3) グラフより，$y=8$ となるのは $0\leqq x\leqq 6$ の範囲である。

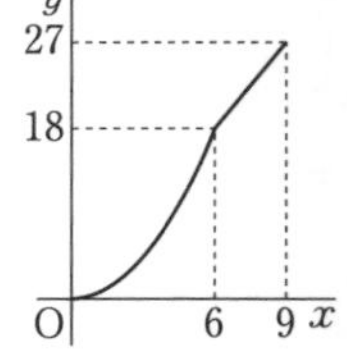

$\frac{1}{2}x^2=8$　　$x^2=16$

$x\geqq 0$ より，$x=4$

6 (1) $y=2+6=8$
(2) $y=ax^2$ に $x=2$，$y=8$ を代入して，$a=2$

7 2 点 A(−3，−3)，B(6，−12) を通る直線と y 軸の交点の座標を求める。直線 AB の傾きは，

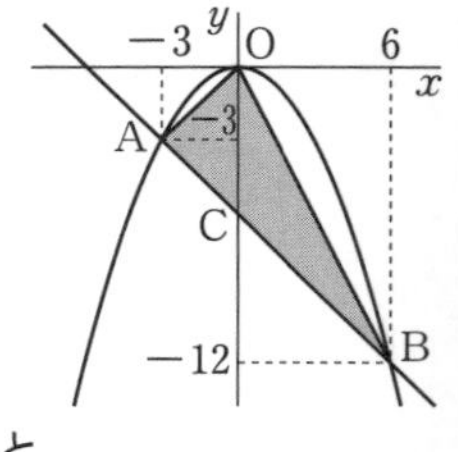

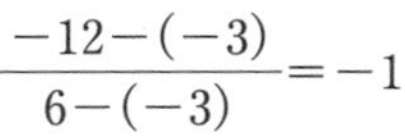

$\frac{-12-(-3)}{6-(-3)}=-1$

直線 AB の切片を b とすると，
$-12=(-1)\times 6+b$
$b=-12+6=-6$
直線 AB と y 軸の交点を C とすると，
$\triangle OAB=\triangle OAC+\triangle OBC$
$=\frac{1}{2}\times 6\times 3+\frac{1}{2}\times 6\times 6=27$

8 平面図形

Check!

本冊 ➡ p.32

1 ① 直線　② 線分　③ AB　④ ∠ABC
⑤ ⊥　⑥ ∥

2 ① ∥　②③ BB′, CC′ (順不同)
④⑤ ∠BOB′, ∠COC′ (順不同)
⑥ OA′　⑦ OB′　⑧ OC′　⑨ A′D　⑩ ℓ
⑪ B′E　⑫ C′F

3 ① 垂直二等分線　② 二等分線　③ 垂線

4 ① 垂直二等分線　② 角の二等分線

5 ① 弦　② 垂直二等分線
③ 中心　④ 垂線　⑤ 垂線　⑥ 二等分線

Try!

本冊 ➡ p.34

1

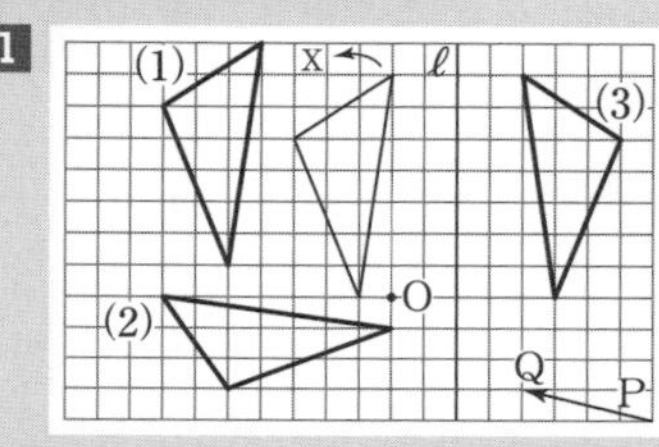

2 (1) △OFG　(2) △CGF
(3) △DGH, 対称の軸 HO
△BEF, 対称の軸 EO

3 (1)

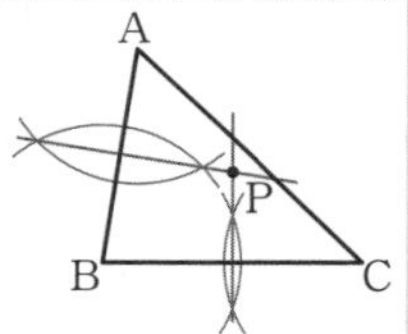

(2)

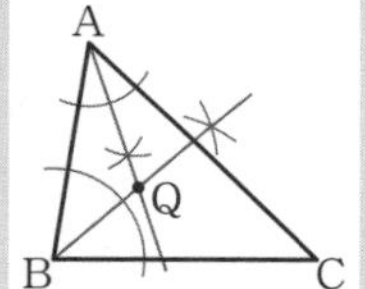

4

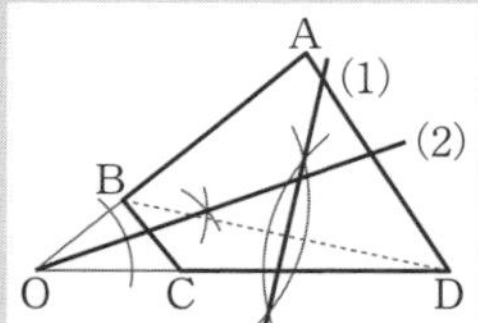

5

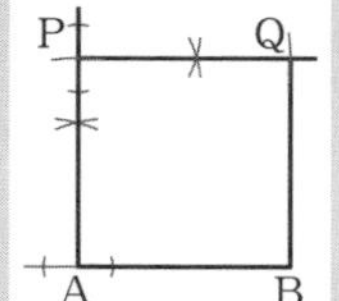

6

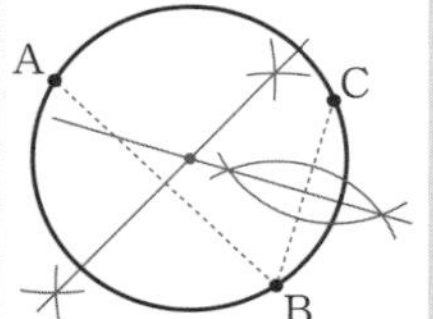

7

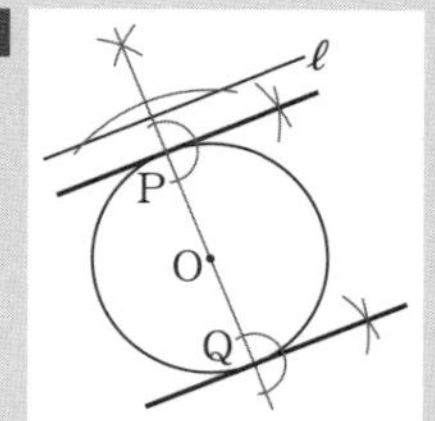

8

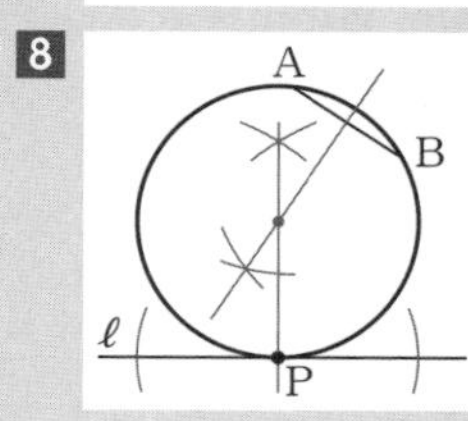

解説

2 (2) このときの △AEH の移動は，点Oを対称の中心とした点対称移動ともいう。

3 (1) △ABC から 2 辺を選んで，それぞれの垂直二等分線を作図する。作図した 2 直線の交点がPになる。

(2) △ABC から 2 角を選んで，それぞれの二等分線を作図する。作図した 2 直線の交点がQになる。

4 (1) 線分 BD の垂直二等分線を作図する。

(2) 辺 AB と辺 CD を延長した 2 直線の交点をOとし，∠AOD の二等分線を作図する。

5 辺 AB を延長し，点Aを通る AB の垂線を作図する。垂線上に AB の長さをはかりとった点をPとし，Pを通る PA の垂線を作図する。垂線上に AB の長さをはかりとった点をQとし，QとBを結ぶ。

6 線分 AB の垂直二等分線と線分 BC の垂直二等分線の交点が円の中心となる。

7 点Oを通る ℓ の垂線を作図し，円との交点を P, Q とする。Pを通る PQ の垂線と，Qを通る PQ の垂線を作図する。

8 点Pを通る ℓ の垂線と，線分 AB の垂直二等分線の交点が，円の中心となる。

9 空間図形

Check! 本冊 ➡ p.36

1 ① AD，BE，BC　② DE，DF，AD
③ ADFC　④ ABC
2 ① 円　② 正方形
3 ① 立面図　② 平面図　③ 四角錐
4 ① 9π　② 15π
5 ① $\frac{1}{3}$　② 4π　③ 12π
6 ① 16π　② 56π　③ 88π
7 ① 9π　② 6π　③ 15π　④ 24π
8 ① 288π　② 144π

Try! 本冊 ➡ p.38

1 (1) ×　(2) ×　(3) ○　(4) ×
2 (1) 6 cm^3　(2) 15 cm^3
3 $(2\pi-4)$ cm^2
4 右図

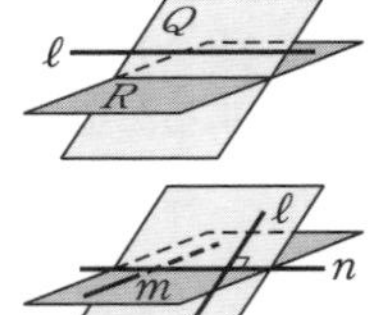

5 (1) 65 cm^2　(2) 48π cm^2
6 54π cm^2
7 (1) 280π cm^3　(2) 243π cm^3
8 18 個

解説

1 (1) 直線 ℓ が 2 平面 Q，R と平行でも，右の図のように，2 平面が交わることがある。

(4) 3 直線 ℓ，m，n が，$\ell \perp n$，$m \perp n$ となっていても，右の図のように，ℓ と m がねじれの位置にある場合がある。

2 (1) 底面がひし形の四角錐である。

底面積は，$\frac{1}{2}\times 3^2=\frac{9}{2}$ (cm^2)

体積は，$\frac{1}{3}\times\frac{9}{2}\times 4=6$ (cm^3)

(2) 底面が直角三角形の三角柱である。

底面積は，$\frac{1}{2}\times 3\times 5=\frac{15}{2}$ (cm^2)

体積は，$\frac{15}{2}\times 2=15$ (cm^3)

3 色のついた部分を右の図のように移動させる。

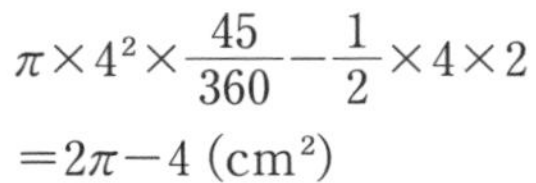

$\pi\times 4^2\times\frac{45}{360}-\frac{1}{2}\times 4\times 2$

$=2\pi-4$ (cm^2)

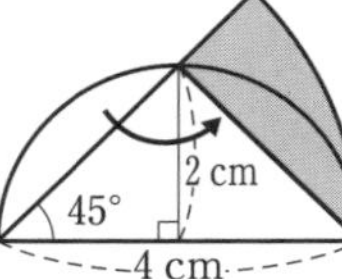

5 (1) $5^2+\frac{1}{2}\times 5\times 4\times 4=65$ (cm^2)

(2) $\frac{1}{2}\times 4\times\pi\times 4^2+\pi\times 4^2$

$=48\pi$ (cm^2)

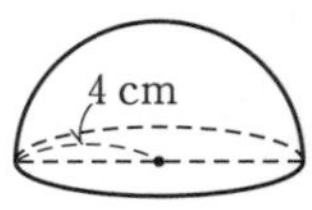

6 円錐の母線の長さを x cm とすると，

$2\times 3\times\pi\times 5=2\times x\times\pi$　　$x=15$

円錐の側面積は，$\frac{1}{2}\times 6\pi\times 15=45\pi$ (cm^2)

よって表面積は，$45\pi+\pi\times 3^2=54\pi$ (cm^2)

7 (1) $\pi\times(4+3)^2\times 7-\pi\times 3^2\times 7$

$=(49-9)\times 7\pi=280\pi$ (cm^3)

(2) $\frac{1}{3}\times\pi\times 9^2\times(9+3)-\frac{1}{3}\times\pi\times 9^2\times 3$

$=27\pi\times(12-3)=243\pi$ (cm^3)

8 高さ 3 cm 分の水の体積は，

$\pi\times 8^2\times 3=192\pi$ (cm^3)

ビー玉 1 個の体積は，$\frac{4}{3}\times\pi\times 2^3=\frac{32}{3}\pi$ (cm^3)

$192\pi\div\frac{32}{3}\pi=18$ (個)

10 図形の性質と合同

Check! 本冊 ➡ p.40

1 ① 37°　② 105°　③ 37°
2 ① 錯角　② 65°
3 ① 30°　② 145°
4 ① 20　② 3240°　③ 360°
5 ① 65°　② 5
6 ① CB　② ∠BCD　③ ∠ABE＝∠CBD
④ 1 組の辺とその両端の角
7 ① CB　② CD　③ BD＝BD　④ 3 組の辺

Try! 本冊 ➡ p.42

1 (1) 81°　(2) $\angle x=80°$，$\angle y=95°$
2 (1) 55°　(2) 35°
3 (1) 十角形　(2) 正十二角形
4 21°
5 110°
6 ウ，エ
7 (1) △BDF と △CEF
(2) △BDF と △CEF において，
対頂角は等しいから，
∠BFD＝∠CFE ……①
① と ∠BDF＝∠CEF より，

$\angle FBD=\angle FCE$ …… ②
仮定より，$BF=CF$ …… ③
①，②，③ より，1 組の辺とその両端の角がそれぞれ等しいから，$\triangle BDF \equiv \triangle CEF$
合同な図形では，対応する辺の長さが等しいから，$BD=CE$

8 $\triangle ABC$ と $\triangle DCB$ において，
仮定より，$AB=DC$ …… ①
$AC=DB$ …… ②
共通な辺だから，$BC=CB$ …… ③
①，②，③ より，3 組の辺がそれぞれ等しいから，$\triangle ABC \equiv \triangle DCB$
合同な図形では，対応する角の大きさが等しいから，$\angle BAC=\angle CDB$

9 $\triangle ABD$ を，頂点Bを中心に回転移動させた三角形が $\triangle CBP$ だから，$\triangle ABD \equiv \triangle CBP$
合同な図形では，対応する角の大きさが等しいから，$\angle BAD=\angle BCP$
正三角形の内角は等しいから，
$\angle BAD=\angle ABC$
よって，$\angle BCP=\angle ABC$
錯角が等しいから，$AB /\!/ CP$

解説

1 (1) $34°+\angle x+30°=145°$　　$\angle x=81°$
(2) $\angle x=30°+50°=80°$
$\angle y=30°+50°+15°=95°$

2 折れ線の頂点を通り，ℓ，m に平行な直線をひく。
(1) $\angle x=15°+40°=55°$

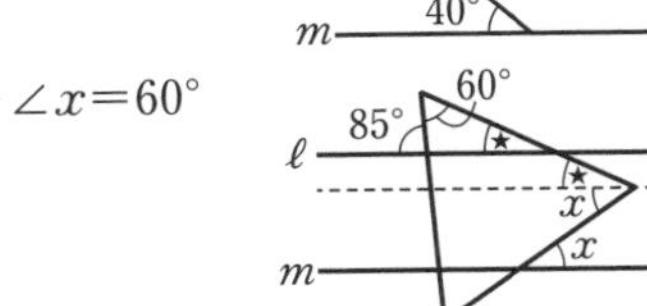

(2) $(85°-60°)+\angle x=60°$
$\angle x=35°$

3 (1) $1440°\div180°=8$　　$8+2=10$
(2) 多角形の外角の和は 360° で，特に，正多角形の外角は大きさがすべて等しい。
$360\div30=12$ より，正十二角形。

4 $\angle ABD=\angle DBC=\angle a$，
$\angle ACD=\angle DCE=\angle b$ とする。$\triangle ABC$ で三角形の外角より，
$2\angle b=2\angle a+42°$　　$\angle b=\angle a+21°$
$\triangle DBC$ で三角形の外角より，
$\angle x=\angle b-\angle a=(\angle a+21°)-\angle a=21°$

5 錯角の性質より，$\angle A'DB=40°$
折り返した角だから，$\angle A'DC=\angle ADC$
$\angle ADC+\angle A'DC-\angle A'DB=180°$
$2\angle A'DC=220°$　　$\angle A'DC=110°$

6 ア，イ 残りの辺の長さと角の大きさが異なる場合がある。
オ 辺の長さが異なる場合がある。

7 (2) 三角形の 3 つの内角の和は 180° なので，2 つの三角形で 2 組の角がそれぞれ等しければ，あと 1 組の角も等しいということになる。
$\angle FBD=\angle FCE$ は，平行線の錯角からもいえる。仮定の $\angle BDF=\angle CEF$ より，錯角が等しいので，$BD /\!/ CE$ となる。平行線の錯角は等しいので，$\angle FBD=\angle FCE$ といえる。

9 条件 $CD=AC$ を使わずに証明できる。
$\triangle ABD \equiv \triangle CBP$ であることは，三角形の合同条件を使って証明してもよい。

11 三角形と四角形

Check!　本冊 ➡ p.44

1 ① $\angle B=\angle C$　② $AD\perp BC$，$BD=CD$
③ $AB=AC$
2 ① 角　② 3 つの角
3 ① 斜辺と他の 1 辺　② 斜辺と 1 つの鋭角
4 ① 対辺　② BC　③ DC　④ 対角　⑤ $\angle C$
⑥ $\angle D$　⑦ 中点　⑧ CO　⑨ DO
5 ①，② 対辺，対角（順不同）　③ 中点
④ 1 組の対辺　⑤ 長さ
6 ① 長さ　② 垂直
7 ① BC　② ＝

Try!　本冊 ➡ p.46

1 (1) $\angle x=73°$，$\angle y=39°$
(2) $\angle x=41°$，$\angle y=93°$

2 $\triangle ABE$ と $\triangle ACD$ において，
仮定より，$AB=AC$ …… ①
共通の角だから，$\angle BAE=\angle CAD$ …… ②
さらに，仮定より，$\angle ABC=\angle ACB$
$DE /\!/ BC$ より，同位角が等しいから，
$\angle ADE=\angle ABC=\angle ACB=\angle AED$
よって，$\triangle ADE$ は二等辺三角形だから，
$AD=AE$ …… ③
①，②，③より，2 組の辺とその間の角がそれぞれ等しいから，$\triangle ABE \equiv \triangle ACD$
したがって，$BE=CD$

3 △ADF と △BED において,
仮定より，AD＝BE …… ①
△ABC は正三角形だから,
∠FAD＝∠DBE …… ②
正三角形の辺の長さが等しいことと仮定より,
FA＝CA－CF＝AB－AD＝DB …… ③
①，②，③ より，2 組の辺とその間の角がそれぞれ等しいから，△ADF≡△BED
したがって，∠ADF＝∠BED
∠EDF＝∠ADE－∠ADF
＝(∠DBE＋∠BED)－∠BED＝∠DBE
＝60°

4 △AFE と △CFD において,
折り返した角だから，∠E＝∠B
長方形の内角だから，∠B＝∠D＝90°
よって，∠E＝∠D＝90° …… ①
対頂角は等しいから,
∠EFA＝∠DFC …… ②
AD∥BC より，錯角が等しいから,
∠FAC＝∠ACB
折り返した角だから，∠ACB＝∠FCA
よって，∠FAC＝∠FCA より，△FAC は二等辺三角形だから，FA＝FC …… ③
①，②，③ より，直角三角形の斜辺と 1 つの鋭角がそれぞれ等しいから，△AFE≡△CFD

5 (1) 115°　(2) $\angle x=78^\circ$，$\angle y=51^\circ$

6 3 cm

7 △OAE と △OCF において,
仮定より，OE＝OF …… ①
平行四辺形の対角線はそれぞれの中点で交わるから，OA＝OC …… ②
対頂角は等しいから,
∠AOE＝∠COF …… ③
①，②，③ より，2 辺とその間の角がそれぞれ等しいから，△OAE≡△OCF

8 2 点 A，C を結ぶと，△BCF＝△ACF
△ACE＝△DCE より，△ACF＝△DEF
よって，△BCF＝△DEF

解説

1 (1) △ADC，△CAB は二等辺三角形である。
$\angle x=(180^\circ-34^\circ)\div 2=73^\circ$
$\angle y=\angle x-\angle \mathrm{DBC}=73^\circ-34^\circ=39^\circ$

(2) △ABC は二等辺三角形である。点Cを通り，ℓ と m に平行な直線をひく。

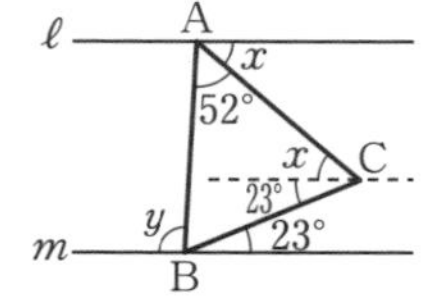

$\angle x+23^\circ$
$=(180^\circ-52^\circ)\div 2$　　$\angle x=41^\circ$
平行線の錯角が等しいから,
$\angle y=\angle x+52^\circ=93^\circ$

2 ∠ABC＝∠ACB は，二等辺三角形の性質からいえる。この性質は逆も成り立ち，△ADE が二等辺三角形であることは，∠ADE＝∠AED からいえる。

3 正三角形は辺の長さが等しいので，CA＝AB
仮定から，CF＝AD
よって，辺の長さの差 CA－CF は，AB－AD に置き換えることができる。
また，∠ADE＝∠DBE＋∠BED は，△DBE における ∠D の外角の性質からいえる。

4 長方形の辺より AE＝CD がいえるので，斜辺と他の 1 辺が等しいという条件を示してもよい。また，解答では直角三角形の合同条件を示したが，一般的な三角形の合同条件にもちこむ示し方もある。

5 (1) △ABE は二等辺三角形である。
平行四辺形の対角だから,
$\angle x=180^\circ-\angle \mathrm{AEB}$
$=180^\circ-\angle \mathrm{B}=180^\circ-65^\circ=115^\circ$

(2) △AED，△ABE は二等辺三角形である。
AB∥DC より，錯角が等しいから,
$\angle x=\angle \mathrm{AED}=(180^\circ-24^\circ)\div 2=78^\circ$
$\angle y=(180^\circ-78^\circ)\div 2=51^\circ$

6 AD∥BC より，錯角が等しいから,
∠BEA＝∠DAE
仮定より，∠DAE＝∠BAE
∠BEA＝∠BAE より，△BEA は二等辺三角形である。
同様に，△CDF は CD＝CF の二等辺三角形である。
よって，BF＝CE＝5－4＝1 (cm)
EF＝5－(1＋1)＝3 (cm)

8 面積を変えずに図形を変形することを等積変形という。△ACE と △DCE は，△FCE を共通に持っている。△ACE＝△DCE がいえたら，△FCE を除いた部分 △ACF，△DEF も面積が等しいことがいえる。

12 相似

Check!

本冊 ➡ p.48

1 ① 7　② 5　③ 75°　④ 5

2 ① CB　② BD　③ ∠B
④ 2 組の辺の比とその間の角　⑤ CD
⑥ 12

3 ① 4　② 3　③ 64　④ 27

4 ① 8　② 3　③ 4　④ 6　⑤ 4　⑥ 8

5 ① AC　② 5

6 ① 3　② 4　③ 8

7 ① 2　② 3　③ 2　④ 3

8 ① 12　② 4　③ 6

Try!

本冊 ➡ p.50

1 (1) △EAD∽△ECB，$x=7$
(2) △ABC∽△DBA，$x=2$

2 △AED と △BAE において，
仮定より，∠DAE＝∠EBA …… ①
AB∥DC だから，平行線の錯角より，
∠AED＝∠BAE …… ②
①，②より，2 組の角がそれぞれ等しいから，
△AED∽△BAE

3 △AED と △ABC において，
AE：AB＝4：8＝1：2 …… ①
AD：AC＝3：6＝1：2 …… ②
∠EAD＝∠BAC …… ③
①，②，③より，2 組の辺の比とその間の角がそれぞれ等しいから，△AED∽△ABC

4 (1) 正三角形 A：正三角形 B＝4：25
(2) 24π cm^3

5 7 倍

6 6 cm

7 $\frac{24}{5}$ cm

8 11 cm

9 (1) 5：6　(2) $\frac{35}{11}$ cm　(3) 11：7

10 5 m

解説

1 (1) 2 組の辺の比とその間の角がそれぞれ等しい。
(2) 2 組の角がそれぞれ等しい。

2 三角形の相似条件のうち，「2 組の角がそれぞれ等しい」はよく使われる。

4 (1) 面積比は $2^2：5^2$
(2) 円や球はそれぞれが相似の関係にある図形である。小さい方の球の体積を x cm^3 とすると，
$2^3：3^3=x：81\pi$
$27x=8\times81\pi$　　$x=24\pi$

5 2 つの相似な円錐の体積比で考える。
相似比は 5：10＝1：2 なので，体積比は
$1^3：2^3=1：8$
よって，(8−1)＝7 (倍) の量の水を加えればよい。

6 △ABE において，中点連結定理より，
MD∥AE，AE＝2MD＝2×4＝8 (cm)
△CMD において，CE＝DE，FE∥MD より，
$FE=\frac{1}{2}MD=\frac{1}{2}\times4=2$ (cm)
よって，AF＝8−2＝6 (cm)

7 AB∥CD より，DE：EA＝12：8＝3：2
よって，DA：DE＝(3＋2)：3＝5：3
AB：EF＝DA：DE＝5：3　　5EF＝3AB
したがって，$EF=(3\times8)\times\frac{1}{5}=\frac{24}{5}$ (cm)

8 点 A を通り，辺 DC に平行な直線と線分 MN，辺 BC との交点をそれぞれ E，F とする。

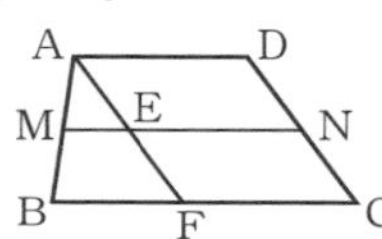

EN＝FC＝AD＝8 cm
BF＝BC−FC＝14−8＝6 (cm)
$ME=\frac{1}{2}BF=\frac{1}{2}\times6=3$ (cm)
MN＝ME＋EN＝3＋8＝11 (cm)

9 (1) BD：DC＝AB：AC＝5：6
(2) $BD=7\times\frac{5}{5+6}=\frac{35}{11}$ (cm)
(3) $AI：ID=BA：BD=5：\frac{35}{11}=11：7$

10 木の高さを x m とすると，
$1：x=1.2：6$　　$x=5$

13 円

Check!

本冊 ➡ p.52

1 ① 2　② 98　③ 49°

2 ① 3　② 1　③ 54°

3 ① 46°　② 72°　③ ADB

4 ① 2　② 90°　③ 90°　④ 130°

5 ① △DPB　② △CPB

6 ① 74°　② 89°

7 ① 49°

8 ① 2　② 2　③ 6　④ 4　⑤ x^2　⑥ $2\sqrt{10}$

Try!

本冊 ➡ p.54

1 (1) 31°　(2) 37°　(3) 54°　(4) 58°

2 (1) 28°　(2) 36°

3 線分 AB は円Oの直径だから，
∠ACB＝∠ADB＝90°
よって，∠ECF＝∠EDF＝90°
2 点 E，F は直線 CD の同じ側にあるので，円周角の定理の逆により，4 点 C，D，E，F は 1 つの円周上にある。

4 (1) 25°　(2) 50°

5 △ABC と △AED において，
AC は直径だから，∠ABC＝90°
また，仮定より，∠AED＝90°
よって，∠ABC＝∠AED …… ①
AB に対する円周角だから，
∠ACB＝∠ADE …… ②
①，② より，2 組の角がそれぞれ等しいから，
△ABC∽△AED

6 (1) △BDC と △CDE において，
共通な角だから，∠BDC＝∠CDE …… ①
仮定より，弧の長さが等しいから，
∠CBD＝∠ECD …… ②
①，② より，2 組の角がそれぞれ等しいから，△BDC∽△CDE
(2) $3\sqrt{5}$ cm

7 (1) 33°　(2) 96°

8 (1) 128°　(2) 23°

9 4 cm

解説

1 (1) ∠BOD＝∠BOC＋∠COD
＝2∠x＋2∠CED＝2∠x＋36°
98°＝2∠x＋36°　　∠x＝31°

(2) 直径に対する円周角は直角だから，
∠BAD＝90°
∠x＝180°−(∠BAD＋∠ADB)
＝180°−(90°＋53°)＝37°

(3) ∠ACB＝$\frac{1}{2}$∠AOB
＝$\frac{1}{2}\times180°\times\frac{2}{2+2+1}$＝36°
∠CBD＝$\frac{1}{2}$∠COD
＝$\frac{1}{2}\times180°\times\frac{1}{2+2+1}$＝18°
∠x＝∠ACB＋∠CBD＝36°＋18°＝54°

(4) 平行線の錯角だから，
∠EAD＝32°
直径に対する円周角だから，
∠CAE＝90°
∠CAD＝∠CAE−∠EAD＝90°−32°＝58°
∠x＝∠CAD＝58°

2 (1) 2 点 A，D は直線 BC の同じ側にあり，∠BAC＝∠BDC だから，円周角の定理の逆により，4 点 A，B，C，D は 1 つの円周上にある。
∠x＝∠CBD＝28°

(2) 2 点 D，C は直線 AB の同じ側にあり，∠ADB＝∠ACB だから，円周角の定理の逆により，4 点 A，B，C，D は 1 つの円周上にある。
∠x＝∠ABE＝180°−(68°＋76°)＝36°

4 (1) 円Oの半径だから，OA＝OB
よって，△OAB は二等辺三角形だから，
∠OAB＝∠OBA
∠AOB＝2∠ACB＝130° だから，
∠OAB＝(180°−130°)÷2＝25°

(2) 円Oの接線だから，PA＝PB
よって，△PAB は二等辺三角形だから，
∠PAB＝∠PBA
また，∠PAB＝∠ACB＝65°
よって，∠APB＝180°−65°×2＝50°

5 三角形の相似条件は，「2 組の角がそれぞれ等しい」がよく使われる。

6 (2) (1) より，BD：CD＝DC：DE
(12＋3)：CD＝CD：3　　$CD^2=45$
CD＞0 だから，CD＝$3\sqrt{5}$ cm

7 (1) ∠B＝180°−∠D＝180°−114°＝66°
∠x＝180°−(66°＋81°)＝33°

(2) ∠DCE＝180°−∠DCB
＝180°−(180°−∠BAD)＝∠BAD＝59°
∠x＝180°−(59°＋25°)＝96°

8 (1) ∠x＝2∠ACB＝2∠BAT＝2×64°＝128°

(2) ∠BAT＝∠BCA＝70°
∠x＝∠BAT−∠BDA＝70°−47°＝23°

9 方べきの定理より，$PT^2=PB\times PA$
36＝PB(PB＋5)　　$PB^2+5PB-36=0$
(PB＋9)(PB−4)＝0
PB＞0 より，PB＝4 cm

14 三平方の定理

Check! 本冊 ➡ p.56

1 ① x ② 10 ③ $2\sqrt{7}$

2 ① 169 ② 169 ③ 13 ④ 直角三角形

3 ① $\sqrt{2}$ ② $\sqrt{3}$

4 ① 6 ② 100 ③ 10

5 ① FG ② EG ③ 3 ④ 8 ⑤ 89 ⑥ $\sqrt{89}$

6 ① $3\sqrt{2}$ ② 63 ③ $3\sqrt{7}$ ④ $36\sqrt{7}$

7 ① AA′ ② $\dfrac{x}{360}$ ③ 90 ④ A′ ⑤ $8\sqrt{2}$

Try! 本冊 ➡ p.58

1 (1) 直角三角形ではない (2) 直角三角形である

2 (1) 9 cm，12 cm (2) 6 cm，8 cm

3 (1) 3 cm (2) $36\sqrt{3}$ cm^2 (3) 16 cm

4 $\sqrt{51}$ cm

5 10 cm^2

6 (1) $\dfrac{5}{2}$ cm (2) 6 cm^2

7 $\sqrt{61}$ cm

8 $\dfrac{6\sqrt{13}}{7}$ cm

解説

1 (1) $2^2+(\sqrt{7})^2=11$，$3^2=9$ より，

$2^2+(\sqrt{7})^2 \neq 3^2$

(2) $8^2+15^2=289$，$17^2=289$ より，$8^2+15^2=17^2$

2 (1) もっとも短い辺の長さを x cm とすると，

三平方の定理より，$x^2+(x+3)^2=15^2$

$(x-9)(x+12)=0$　　$x>0$ より，$x=9$

よって，9 cm と，$9+3=12$ (cm)

(2) 斜辺でない 1 辺の長さを x cm とすると，

残りの辺の長さは，$24-10-x=14-x$ (cm)

三平方の定理より，$x^2+(14-x)^2=10^2$

$(x-6)(x-8)=0$　　よって，6 cm と 8 cm

3 (1) ひし形の対角線は，それぞれの中点で垂直に交わる。求める辺の長さを x cm とすると，

三平方の定理より，$1^2+(2\sqrt{2})^2=x^2$

$x^2=9$　$x>0$ より，$x=3$

(2) 右の図の通り，1 辺の長さが a の正三角形の

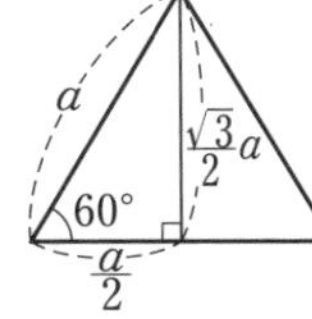

高さは $\dfrac{\sqrt{3}}{2}$，面積は

$\dfrac{1}{2}\times a\times\dfrac{\sqrt{3}}{2}a=\dfrac{\sqrt{3}}{4}a^2$

よって，1 辺の長さが 12 cm の正三角形の

面積は，$\dfrac{\sqrt{3}}{4}\times 12^2=36\sqrt{3}$ (cm^2)

(3) 円の中心 O から弦 AB にひいた垂線のあしを H とすると，三平方の定理より，

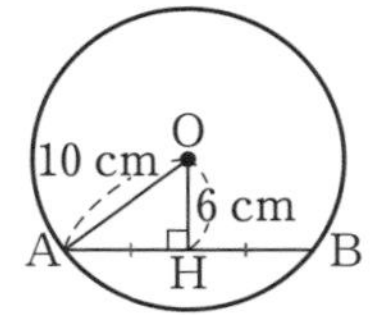

$AH^2=10^2-6^2=64$

$AH>0$ より，$AH=8$ cm

AB は OH で 2 等分されるので，AH＝HB

よって，$AB=2\times 8=16$ (cm)

4 O′ を通り直線 ℓ に平行な直線と OA の交点を C とする。

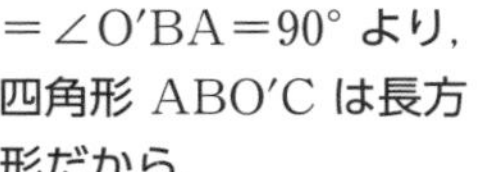

$\angle OAB$

$=\angle O'BA=90°$ より，

四角形 ABO′C は長方形だから，

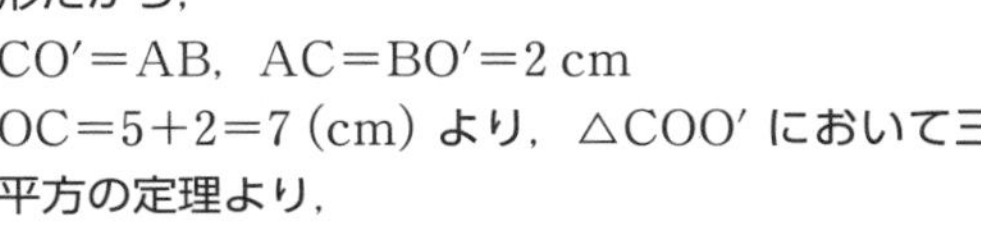

CO′＝AB，AC＝BO′＝2 cm

OC＝5＋2＝7 (cm) より，△COO′ において三平方の定理より，

$CO'^2=10^2-7^2=51$

$CO'>0$ より，$CO'=\sqrt{51}$ cm

よって，$AB=\sqrt{51}$ cm

5 本冊 p.46 **4** で示した通り，

△AFE≡△CFD

AF＝x cm とおくと，FC＝x cm

△FDC において三平方の定理より，

$(8-x)^2+4^2=x^2$　　$x=5$

よって，△FAC の面積は，

$\dfrac{1}{2}\times 5\times 4=10$ (cm^2)

6 (1) 直線 OE と辺 CD の交点を H とすると，

OH⊥CD，

$CH=\dfrac{1}{2}DC=2$ (cm)

直角三角形 OCH において三平方の定理より，

$OH^2+CH^2=OC^2$

円 O の半径を x cm とすると，

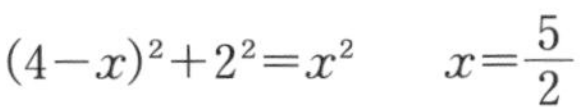

$(4-x)^2+2^2=x^2$　　$x=\dfrac{5}{2}$

(2) H は DC の，O は DF の，それぞれ中点になるので，△CDF において，中点連結定理より，CF＝2OH

また，OH＝EH－OE

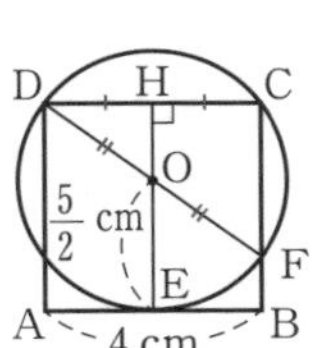

$=4-\frac{5}{2}=\frac{3}{2}$ (cm)

よって，$CF=2\times\frac{3}{2}=3$ (cm)

したがって，△CDF の面積は，

$\frac{1}{2}\times CD\times CF=\frac{1}{2}\times4\times3=6$ (cm^2)

7 直方体の対角線 AG の長さが 7 cm だから，

$AD^2+AE^2+AB^2=7^2$

$AB^2=7^2-2^2-3^2=36$

$AB>0$ より，AB＝6 cm

右の図のように展開図で考えると，直線 AG と線分 EF の交点を P とするとき，AP＋PG は最短となる。

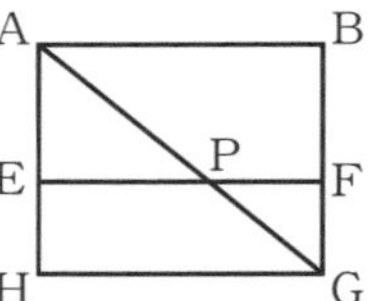

BG＝BF＋FG

＝2＋3＝5 (cm) なので，

△ABG において三平方の定理より，

$AG^2=6^2+5^2=61$

$AG>0$ より，$AG=\sqrt{61}$ cm

8 三平方の定理より，

$AD^2=AB^2+BD^2=AB^2+(BC^2+CD^2)$

$=2^2+3^2+6^2=49$ より，AD＝7 cm

$AC^2=AB^2+BC^2=2^2+3^2=13$ より，

$AC=\sqrt{13}$ cm

△ACD の面積を 2 通りに表すと，

$\frac{1}{2}\times AC\times CD=\frac{1}{2}\times AD\times PC$

$\frac{1}{2}\times\sqrt{13}\times6=\frac{1}{2}\times7\times PC$

よって，$PC=\frac{6\sqrt{13}}{7}$ cm

15 データの活用／資料の整理／確率

Check! 本冊 ➡ p.60

1 ① 35 ② 7 ③ 20 ④ 30 ⑤ 0.4 ⑥ 9 ⑦ 21 ⑧ 28

2 ① 19 ② 10 ③ 9 ④ 16 ⑤ 13 ⑥ 18 ⑦ 5 ⑧ ウ

3 ① 6 ② $\frac{1}{3}$ ③ $\frac{2}{3}$

4 ① 36 ② 9 ③ $\frac{1}{4}$ ④ 6 ⑤ 4 ⑥ $\frac{2}{3}$

5 ① 250 ② 10000

Try! 本冊 ➡ p.62

1 (1) 1 年生 0.70，3 年生 0.75 (2) 7 人 (3) 3 年生

2 (1) B組 (2) C組 (3) D組 (4) A組

3 1200 匹

4 (1) 8 通り (2) $\frac{3}{4}$

5 (1) $\frac{1}{9}$ (2) $\frac{5}{18}$

6 (1) $\frac{3}{5}$ (2) $\frac{3}{4}$

7 (1) $\frac{1}{30}$ (2) $\frac{1}{15}$ (3) $\frac{2}{3}$

解説

1 (1) 1 年生：$\frac{84}{120}=0.70$

3 年生：$\frac{75}{100}=0.75$

(2) 5 時間以上と答えた生徒が 113 人，このうち，6 時間以上と答えた生徒が 106 人なので，

113－106＝7 (人)

(3) 7 時間以上 8 時間未満と答えた生徒の人数は，

1 年生：84－36＝48 (人)

3 年生：75－33＝42 (人)

よって，それぞれの割合は，

1 年生：$\frac{48}{120}=0.40$

3 年生：$\frac{42}{100}=0.42$

2 (1) 箱ひげ図のひげの先端がデータの最小値 (最大値) である。4 組のうち最小値がもっとも小さいのは B組。

(2) 箱ひげ図の箱がもっとも短いのは C組である。

(3) 35 人のデータで 7.5 秒未満が 18 人以上いるとき，中央値は 7.5 秒未満となる。よって D組である。

(4) ヒストグラムから，四分位数が入る階級を読み取る。第 1 四分位数は速い方から 9 人目のデータで，6.5 秒以上 7.0 秒未満の階級に入っているので A組か D組となる。また，中央値は速い方から 18 人目のデータで，7.5 秒以上 8.0 秒未満の階級に入っているので A組となる。

3 標本における比率が母集団の比率と同じであると考える。数日後につかまえた 60 匹のうち印がついたものは 3 匹だったので，池の魚の数を x 匹とすると，

$60:3=x:60$ $3x=3600$ $x=1200$

4 (1) 右の樹形図より，8 通り。

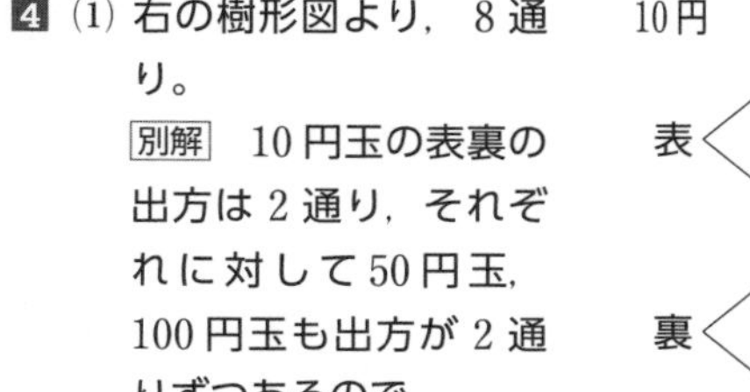

別解　10円玉の表裏の出方は 2 通り，それぞれに対して50円玉，100円玉も出方が 2 通りずつあるので，

$2^3=8$ (通り)

(2) 150円以上になる硬貨の組み合わせは，「50円と 100円」，「10円と 50円と 100円」の 2 通り。よって，150円未満になる確率は，

$1-\dfrac{2}{8}=\dfrac{6}{8}=\dfrac{3}{4}$

5 大小 2 個のさいころを同時に 1 回投げるとき，その目の出方は全部で $6\times6=36$ (通り)

目の出方を (大，小) で表す。

(1) (1，4)，(2，3)，(3，2)，(1，4) の 4 通りなので，確率は，

$\dfrac{4}{36}=\dfrac{1}{9}$

(2) (3，6)，(4，5)，(4，6)，(5，4)，(5，5)，(5，6)，(6，3)，(6，4)，(6，5)，(6，6) の 10 通りなので，確率は，

$\dfrac{10}{36}=\dfrac{5}{18}$

6 6 個の玉を 青$_1$，青$_2$，青$_3$，白$_1$，白$_2$，黒 とする。

(1) 2 個同時に取り出す取り出し方は，次の 15 通りある。

(青$_1$，青$_2$)，(青$_1$，青$_3$)，<u>(青$_1$，白$_1$)</u>，
<u>(青$_1$，白$_2$)</u>，(青$_1$，黒)，(青$_2$，青$_3$)，
<u>(青$_2$，白$_1$)</u>，<u>(青$_2$，白$_2$)</u>，(青$_2$，黒)，
<u>(青$_3$，白$_1$)</u>，<u>(青$_3$，白$_2$)</u>，(青$_3$，黒)，
<u>(白$_1$，白$_2$)</u>，<u>(白$_1$，黒)</u>，<u>(白$_2$，黒)</u>

このうち，1 個が白玉である取り出し方は 9 通りなので，確率は，

$\dfrac{9}{15}=\dfrac{3}{5}$

(2) 1 回目の取り出し方は 6 通り，それぞれに対して 2 回目の取り出し方も 6 通りあるので，取り出し方は全部で $6\times6=36$ (通り)

2 回とも青玉である取り出し方を考える。例えば，1 回目に 青$_1$ を取り出すとき，2 回目の取り出し方は 青$_1$，青$_2$，青$_3$ の 3 通り。

1 回目に 青$_2$ や 青$_3$ を取り出す場合も同様に，2 回目の取り出し方が 3 通りずつある。

したがって，2 回とも青玉である取り出し方は

$3\times3=9$ (通り)

よって，求める確率は，$1-\dfrac{9}{36}=\dfrac{27}{36}=\dfrac{3}{4}$

7 3 本ある 2 等や，6 本あるはずれは，それぞれ別のくじとして考える。

Aさんのくじの引き方は $1+3+6=10$ (通り)

Bさんのくじの引き方は，Aさんの引いたくじを除いた $10-1=9$ (通り)

よって，引き方は全部で $10\times9=90$ (通り)

(1) Aさんの引き方は 1 通り，Bさんの引き方は 3 通りなので，確率は，

$\dfrac{1\times3}{90}=\dfrac{1}{30}$

(2) Aさんの引き方は 3 通り，Bさんの引き方は，Aさんの引いたくじを除いた 2 通りなので，

確率は，$\dfrac{3\times2}{90}=\dfrac{1}{15}$

(3) 2 人ともはずれを引く引き方を考える。Aさんの引き方は 6 通り，Bさんの引き方は，Aさんの引いたくじを除いた 5 通りなので，全部で $6\times5=30$ (通り)

よって，求める確率は，

$1-\dfrac{30}{90}=\dfrac{60}{90}=\dfrac{2}{3}$

入試対策編

1 式の計算の利用

Challenge! 本冊 ➡ p.64

1 (1) $n=7$ のとき $X=28$,
$n=15$ のとき $X=55$,
$n=76$ のとき $X=309$
(2) ① $X=4n$　② $X=4n+5$　(3) 38 個

2 (1) 13 行目の 3 列目
(2) 式 $12m-n+1$
説明 Bさんの整理券の番号は，偶数行目の 5 列目であるから，
$12m-5+1=12m-4=4(3m-1)$
m は自然数であるから，$3m-1$ は整数であり，$4(3m-1)$ は 4 の倍数である。したがって，Bさんの整理券の番号は 4 の倍数である。

解説

1 (1) n が 2 列目から 4 列目までの数であるとき，n の上下左右に書かれている数は，右の図 1 のようになる。同様に，n が 1 列目にあるときは図 2，n が 5 列目にあるときは図 3 のようになる。

(図 1)

	$n-5$	
$n-1$	n	$n+1$
	$n+5$	

(図 2)

	$n-5$	
$n+4$	n	$n+1$
	$n+5$	

(図 3)

	$n-5$	
$n-1$	n	$n-4$
	$n+5$	

$n=7$ は 2 列目の数であるから，
$X=(n-1)+(n+1)$
$+(n-5)+(n+5)=4n$
$4\times7=28$
$n=15$ は 5 列目の数であるから，
$X=(n-1)+(n-4)+(n-5)+(n+5)$
$=4n-5$
$4\times15-5=55$
$n=76$ は 1 列目の数であるから，
$X=(n+1)+(n+4)+(n-5)+(n+5)$
$=4n+5$
$4\times76+5=309$

(2)① (1) より，$X=4n$
② (1) より，$X=4n+5$

(3) n が 1 列目の数であるとき $X=4n+5$
n が 5 列目の数であるとき $X=4n-5$
これらは奇数であるから，6 の倍数にはならない。
n が 2 列目から 4 列目までの数であるとき
$X=4n$
これが 6 の倍数になるのは，n が 3 の倍数のときである。$195\div3=65$ より，195 以下の自然数のうち，3 の倍数は 65 個ある。6 未満の自然数のうち，3 の倍数は 3 のみなので，6 以上 195 以下の自然数のうち，3 の倍数は $65-1=64$ (個) ある。この 64 個のうち，
㋐ 5 の倍数は 5 列目の数
㋑ 5 でわったときの余りが 1 の数は 1 列目の数
であるため，適さない。
㋐ 3 の倍数であり 5 の倍数でもある数は 15 の倍数で，6 以上 195 以下の自然数のうち，その個数は $195\div15=13$ (個)
㋑ 6 以上 195 以下の自然数のうち，3 の倍数であり 5 でわったときの余りが 1 である数は，6，21，36，51 …… のように，(15 の倍数)-9 の形をしている。このような数の個数は，15 の倍数のときと同様に 13 個。
以上より，$X=4n$ が 6 の倍数となる n は全部で $64-(13+13)=38$ (個)

2 (1) 12 人ずつ区切って考えると，整理券の番号が $12x$ の人は $2x$ 行目の 1 列目に並んでいる。
$72=12\times6$ より，整理券の番号が 72 の人は，12 行目の 1 列目に並んでいる。よって，整理券の番号が 75 の人は 13 行目の 3 列目に並んでいる。
(2) $2m$ 行目の 1 列目に並んでいる人の整理券の番号は $12m$
よって，$2m$ 行目の n 列目に並んでいる人の整理券の番号は，
$12m-(n-1)=12m-n+1$

2 放物線と図形

Challenge! 本冊 ➡ p.66

1 (1) $(-t,\ -t^2)$ (2) $y=-3x-4$

(3) $\left(\dfrac{8}{3},\ \dfrac{32}{9}\right)$

2 (1) $\dfrac{1}{4}$ (2) $0\leqq y\leqq\dfrac{9}{4}$

(3) ① $(4,\ 3)$ ② $y=\dfrac{5}{2}x$

3 28π

解説

1 (1) 四角形 ABDC が長方形になるのは，AB∥CD，AB＝CD のときである。すなわち，2 点 C，D が y 軸について対称になるときである。点Cの座標は $(t,\ -t^2)$ なので，点Dの座標は $(-t,\ -t^2)$

(2) $C(4,\ -16)$ を通り，傾きが -3 である直線の式の切片は，$-16+3\times4=-4$

(3) 点Aの座標は $\left(t,\ \dfrac{1}{2}t^2\right)$ なので，

点Bの座標は $\left(-t,\ \dfrac{1}{2}t^2\right)$

よって，2 点 $B\left(-t,\ \dfrac{1}{2}t^2\right)$，$C(t,\ -t^2)$ を通る直線の傾きについて，

$\left(-t^2-\dfrac{1}{2}t^2\right)\div\{t-(-t)\}=-2$

$-\dfrac{3}{2}t^2=-2\times2t$ $\quad t(3t-8)=0$

$t>0$ より，$t=\dfrac{8}{3}$

$\dfrac{1}{2}t^2=\dfrac{1}{2}\times\left(\dfrac{8}{3}\right)^2=\dfrac{32}{9}$ より，点Aの座標は

$\left(\dfrac{8}{3},\ \dfrac{32}{9}\right)$

2 (1) 点Aは関数 $y=3x+7$ のグラフ上の点なので，y 座標は $3\times(-2)+7=1$

点Aは関数 $y=ax^2$ のグラフ上の点でもあるので，$1=a\times(-2)$ $\quad a=\dfrac{1}{4}$

(2) -2 と 3 の絶対値を比べると，$x=3$ のとき y は最大値をとり，その値は $y=\dfrac{1}{4}\times3^2=\dfrac{9}{4}$

x の変域が 0 をふくむので，y の変域は

$0\leqq y\leqq\dfrac{9}{4}$

(3) ① 点Bの座標は $(0,\ 7)$

点Cの y 座標は $\dfrac{1}{4}\times6^2=9$

四角形 ADCB が平行四辺形になるとき，

AD∥BC，AD＝BC

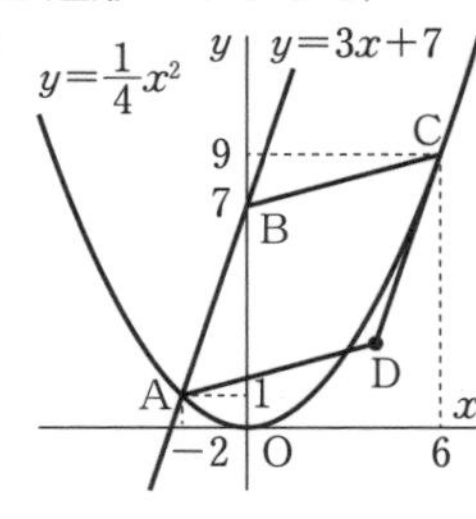

点Bから右へ 6，上へ 2 だけ進んだ点がCなので，点Aから右へ 6，上へ 2 だけ進んだ点がDである。したがって，点Dの座標は，$(-2+6,\ 1+2)$ すなわち $(4,\ 3)$

② 平行四辺形 ADCB の対角線の交点をEとする。点Eを通る直線は，この平行四辺形の面積を 2 等分する。点Eは線分 BD の中点なので，その座標は

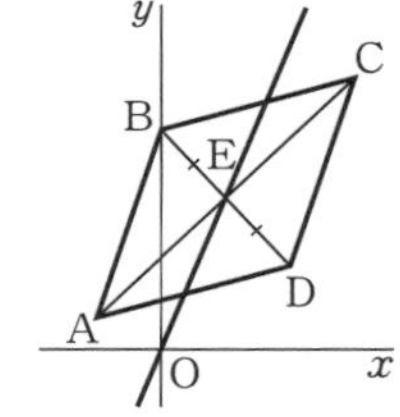

$\left(\dfrac{0+4}{2},\ \dfrac{7+3}{2}\right)$ すなわち $(2,\ 5)$

よって，直線 OE の式は $y=\dfrac{5}{2}x$

3 点Aの y 座標は $\dfrac{1}{4}\times(-4)^2=4$

よって，$E(0,\ 4)$

点Bの y 座標は $\dfrac{1}{4}\times(-2)^2=1$

よって，$F(0,\ 1)$

また，直線 AB の傾きは，

$\dfrac{1-4}{-2-(-4)}=-\dfrac{3}{2}$

直線 AB の切片を b とすると，

$1=-\dfrac{3}{2}\times(-2)+b$

$b=1-3=-2$

四角形 ABFE を，y 軸を軸として 1 回転させてできる立体は，底面の半径が 4，高さが 6 の円錐から，底面の半径が 2，高さが 3 の円錐を取り除いたものである。よって，

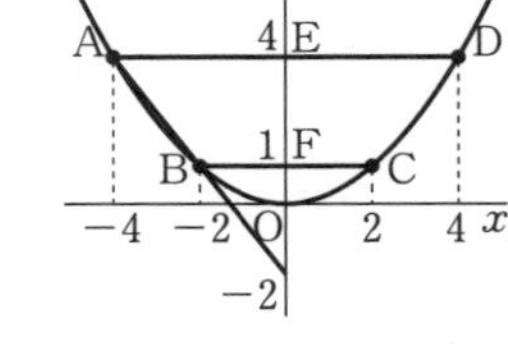

$\dfrac{1}{3}\times\pi\times4^2\times6-\dfrac{1}{3}\times\pi\times2^2\times3=28\pi$

3 作図

Challenge!

本冊 ➡ p.68

1

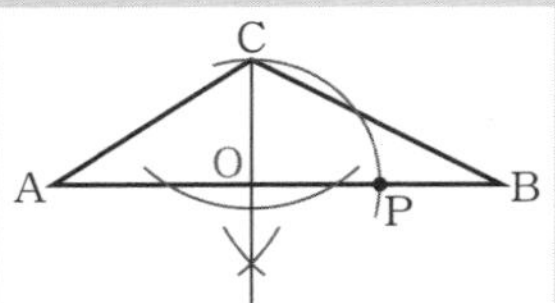

2

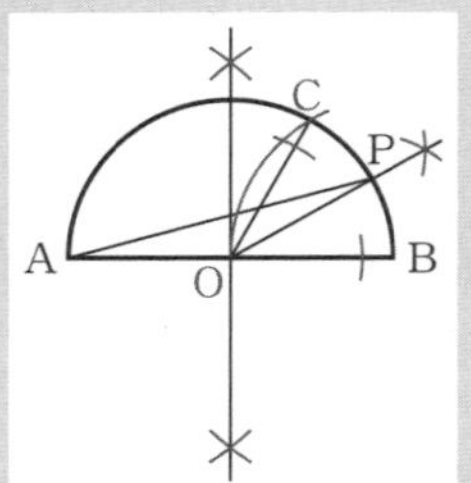

3

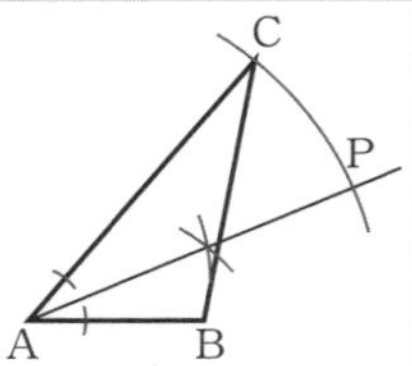

4

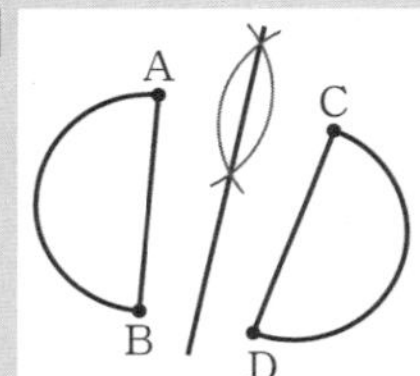

5

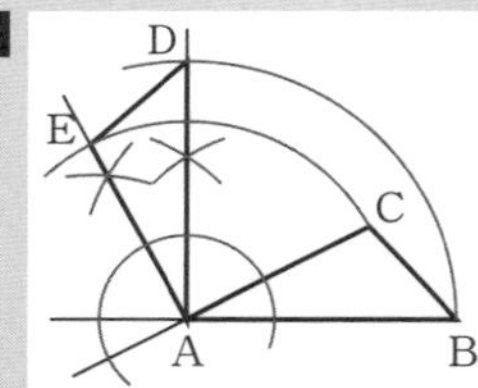

解説

1 点Cを通る辺ABの垂線と辺ABの交点をOとする。OC＝OP となる点Pを辺AB上にとれば，△COP は直角二等辺三角形となるので，∠APC＝45° となる。

2 線分ABの垂直二等分線と線分ABの交点をOとし，BO＝BC となる点Cを $\overset{\frown}{AB}$ 上にとれば，△COB は正三角形になるので，∠COB＝60° となる。よって，∠COB の二等分線と $\overset{\frown}{AB}$ の交点をPとすれば，∠POB＝30°
OA＝OP より，
∠PAB＝∠POB÷2＝30°÷2＝15°

3 ∠A＝50° より，∠A の二等分線上に AC＝AP となる点Pをとればよい。

4 2点A，Cをそれぞれ中心として同じ半径の円をかき，交点を結ぶ直線をひけばよい。

5 点Aを通る辺ABの垂線をひき，AB＝AD となる点Dをとる。また，点Aを通る辺ACの垂線をひき，AC＝AE となる点Eをとる。

4 図形の面積比・体積比の応用問題

Challenge!

本冊 ➡ p.70

1 $\dfrac{5}{12}$ 倍

2 (1) 6 cm　(2) 7：1　(3) 2 cm

3 76 cm^3

解説

1 AB∥ED より，

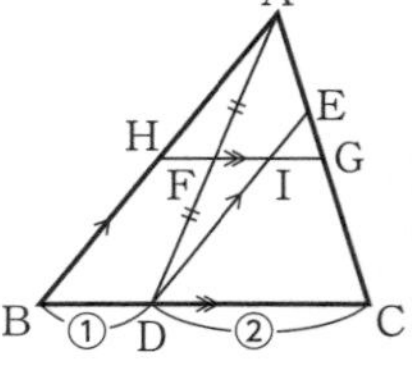

△ABC∽△EDC
相似比は，BC：DC
＝(1＋2)：2＝3：2
よって，面積比は，
$3^2：2^2＝9：4$
したがって，$\triangle EDC=\dfrac{4}{9}\triangle ABC$
AE：EC＝BD：DC＝1：2 なので，
$AE=\dfrac{1}{1+2}AC=\dfrac{1}{3}AC$
△ADC において，FG∥DC より，
AG：GC＝AF：FD＝1：1
よって，$AG=\dfrac{1}{2}AC$
したがって，$EG=\dfrac{1}{2}AC-\dfrac{1}{3}AC=\dfrac{1}{6}AC$
IG∥DC より，△EDC∽△EIG
相似比は，$EC：EG=\dfrac{2}{3}AC：\dfrac{1}{6}AC=4：1$
よって，面積比は，$4^2：1^2＝16：1$
したがって，四角形 IDCG の面積は，
$\dfrac{16-1}{16}\triangle EDC=\dfrac{15}{16}\times\dfrac{4}{9}\triangle ABC=\dfrac{5}{12}\triangle ABC$

2 (1) △MCN∽△FGP なので，
CN：GP＝MC：FG　　3：GP＝1：2
GP＝6 cm

(2) 三角錐 QMCN と三角錐 QFGP は相似で，
体積比は $1^3：2^3＝1：8$
よって，$V_1：V_2＝(8-1)：1＝7：1$

(3) MC∥FG より，
QC：QG＝MC：FG＝1：2

よって，QC＝CG＝8 cm

したがって，

$V_2=\frac{1}{3}\times\frac{1}{2}\times4\times3\times8=16\ (\mathrm{cm}^3)$

$V_3=\frac{1}{3}\times\frac{1}{2}\times8\times6\times\mathrm{GR}=8\mathrm{GR}$

$V_3=V_2$ であるとき，

$8\mathrm{GR}=16\qquad \mathrm{GR}=2\ \mathrm{cm}$

3 円錐Pと立体Qを組み合わせてできる円錐を円錐Q′とし，円錐Q′と立体Rを組み合わせてできる円錐を円錐R′とする。円錐Pと円錐Q′は相似で，相似比は 1：2

よって，体積比は $1^3:2^3=1:8$

立体Qの体積が $28\ \mathrm{cm}^3$ であるから，円錐Q′の体積を V とすると，

$28:V=(8-1):8\qquad V=\frac{28\times8}{7}=32\ (\mathrm{cm}^3)$

円錐Q′と円錐R′は相似で，相似比は 2：3

よって，体積比は $2^3:3^3=8:27$

したがって，立体Rの体積を W とすると，

$32:W=8:(27-8)$

$W=\frac{32\times(27-8)}{8}=76\ (\mathrm{cm}^3)$

5 円と三平方の定理

Challenge! 本冊 ➡ p.72

1 (1) $\frac{4\sqrt{3}}{3}$ cm　(2) $16\pi\ \mathrm{cm}^3$

2 $24\sqrt{3}\ \mathrm{cm}^3$

3 (1) △ACD と △ECB において，対頂角は等しいから，

∠ACD＝∠ECB ……①

$\overset{\frown}{\mathrm{AE}}$ に対する円周角について，

∠ADC＝∠EBC ……②

①，②より，2組の角がそれぞれ等しいから，△ACD∽△ECB

(2) $2\sqrt{15}$ cm

解説

1 (1) BD＝8÷2＝4 (cm)

∠DBE＝30°，∠EDB＝90° より，

$\mathrm{BD}:\mathrm{DE}=\sqrt{3}:1$

$\mathrm{DE}=\frac{1}{\sqrt{3}}\mathrm{BD}=\frac{1}{\sqrt{3}}\times4=\frac{4\sqrt{3}}{3}\ (\mathrm{cm})$

(2) 点Cから線分ACにひいた垂線と線分ABの交点をFとする。

△BCF と △DCF を，線分ABを軸として1回転させてできる立体の体積を，それぞれ V，W とすると，求める立体の体積は $V-W$ となる。

△BCD が DC＝DB の二等辺三角形なので，

DC＝4 cm，∠CDF＝30°＋30°＝60° である。

∠CDF＝60°，∠CFD＝90° より，

$\mathrm{DF}:\mathrm{DC}=1:2\qquad \mathrm{DF}=\frac{1}{2}\mathrm{DC}=2\ (\mathrm{cm})$

また，∠CBF＝30°，∠CFB＝90° より，

$\mathrm{CF}:\mathrm{BF}=1:\sqrt{3}$

BF＝BD＋DF＝6 (cm) なので，

$\mathrm{CF}=\frac{1}{\sqrt{3}}\times6=2\sqrt{3}\ (\mathrm{cm})$

V，W はそれぞれ円錐の体積で，

$V=\frac{1}{3}\times\pi\times(2\sqrt{3})^2\times6=24\pi\ (\mathrm{cm}^3)$

$W=\frac{1}{3}\times\pi\times(2\sqrt{3})^2\times2=8\pi\ (\mathrm{cm}^3)$

よって，求める立体の体積は，

$24\pi-8\pi=16\pi\ (\mathrm{cm}^3)$

2 立方体の1辺の長さを a cm とする。図3において，∠ACG＝90°，∠AEG＝90° より，線分AGは円Oの直径である。

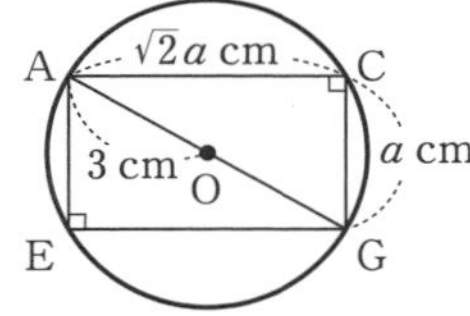

$\mathrm{AC}=\sqrt{2}a$ cm，$\mathrm{CG}=a$ cm，AG＝6 cm なので，

$(\sqrt{2}a)^2+a^2=6^2\qquad 3a^2=36\qquad a^2=12$

$a>0$ より，$a=2\sqrt{3}$

よって，求める立体の体積は，

$(2\sqrt{3})^3=24\sqrt{3}\ (\mathrm{cm}^3)$

3 (2) AB＝10 cm，

AC：CB＝3：2 より，

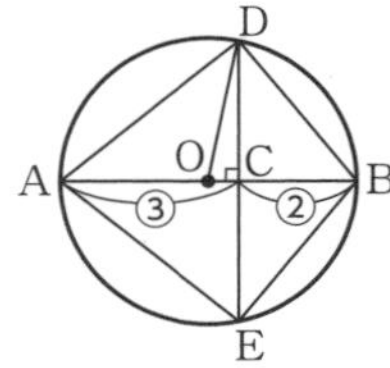

$\mathrm{AC}=\frac{3}{3+2}\mathrm{AB}$

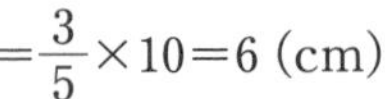

$=\frac{3}{5}\times10=6\ (\mathrm{cm})$

よって，OC＝6－5＝1 (cm)

OD＝5 cm より，△OCD において，

$\mathrm{CD}^2=5^2-1^2=24$

△ACD において，$\mathrm{AD}^2=6^2+24=60$

AD＞0 より，$\mathrm{AD}=2\sqrt{15}$ cm

6 動く点と確率

Challenge! 本冊 ➡ p.74

1 (1) 8点　(2) $\frac{1}{4}$

2 (1) ① $\frac{1}{9}$　② 記号：B　確率：$\frac{5}{18}$　(2) A

解説

1 (1) 点Pがもっとも多く移動するのは，さいころの出た目の数の積が $6\times6=36$ のときで，このとき頂点Aの位置を8回通りすぎる。よって，求める得点は8点。

(2) 大小2つのさいころを同時に1回投げるとき，その目の出方は全部で $6\times6=36$（通り）
得点が2点になるのは，さいころの出た目の数の積が6以上10以下となる場合で，
(1, 6), (2, 3), (2, 4), (2, 5), (3, 2), (3, 3), (4, 2), (5, 2), (6, 1) の9通り。
よって，確率は，$\frac{9}{36}=\frac{1}{4}$

2 (1)① コマがEのマスに止まるのは，a と b の和が4または12の場合で，右の表より4通り。
よって，確率は，
$\frac{4}{36}=\frac{1}{9}$

a＼b	1	2	3	4	5	6
1	2	3	④	5	6	7
2	3	④	5	6	7	8
3	④	5	6	7	8	9
4	5	6	7	8	9	10
5	6	7	8	9	10	11
6	7	8	9	10	11	⑫

② Aのマスに止まる場合は，
$a+b=8$ のときで5通り。
Bのマスに止まる場合は，
$a+b=7$, 9 のときで10通り。
Cのマスに止まる場合は，
$a+b=2$, 6, 10 のときで9通り。
Dのマスに止まる場合は，
$a+b=3$, 5, 11 のときで8通り。
Eのマスに止まる場合は，①より4通り。
よって，止まる確率がもっとも大きいのはBのマスで，$\frac{10}{36}=\frac{5}{18}$

(2) 条件Xの値とそのときにコマが止まるマスは下の表のようになる。

条件X	0	1	2	3	4	5	6	7	8	…
止まるマス	A	B	C	D	E	D	C	B	A	…

n を整数としたとき，
条件 $X=8n$ のときはAのマス，
条件 $X=8n+1$, $8n+7$ のときはBのマス，
条件 $X=8n+2$, $8n+6$ のときはCのマス，
条件 $X=8n+3$, $8n+5$ のときはDのマス，
条件 $X=8n+4$ のときはEのマスにそれぞれ止まることになる。
$a^b=4^5=8\times(2\times4^3)$ より，コマはAのマスに止まる。

総合テスト

本冊 ➡ p.76

1 (1) 34　(2) $6a^2b^2$　(3) $9x-49$　(4) $6\sqrt{6}$
(5) $x=\frac{-3\pm\sqrt{33}}{2}$　(6) およそ90個

2 (1) 18π cm^2　(2) 70°

3 公園清掃ボランティアの参加者数30人，
駅前清掃ボランティアの参加者数60人

4 (1) 18分後　(2) イ　(3) $y=\frac{5}{2}x+15$

5

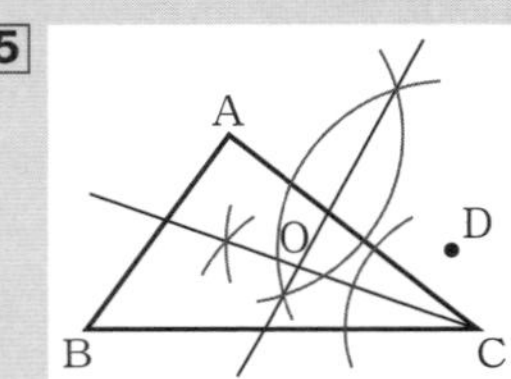

6 (1) $(-4, -2)$　(2) $\frac{1}{8}$
(3) ① ア -8　イ 0　ウ 8　② $\frac{8}{5}$

7 $\frac{1}{2}$

8 (1) ① 1 m　② $\frac{7}{9}a$ m^2　(2) $\frac{8}{3}$ m

解説

1 (1) $8\times\frac{9}{4}-(-16)=18+16=34$

(2) $\frac{3a^2b\times4ab^2}{2ab}=6a^2b^2$

(3) $(3x)^2-7^2-9x^2+9x=9x-49$

(4) $5\sqrt{6}+2\times2\sqrt{6}-\frac{6\sqrt{3}\times\sqrt{2}}{2}$
$=5\sqrt{6}+4\sqrt{6}-3\sqrt{6}=6\sqrt{6}$

(5) $x^2+x-6=-2x$　　$x^2+3x-6=0$
$x=\frac{-3\pm\sqrt{3^2-4\times1\times(-6)}}{2}=\frac{-3\pm\sqrt{33}}{2}$

(6) 4500個の製品に x 個の不良品がふくまれるとすると，$4500 : x=100 : 2$
$100x=9000$　　$x=90$

2 (1) 側面のおうぎ形の，半径は 6 cm，
弧の長さは $2\times3\times\pi=6\pi$ (cm)
よって側面積は，$\frac{1}{2}\times6\pi\times6=18\pi$ (cm^2)

(2) ℓ，m に平行な直線をひく。

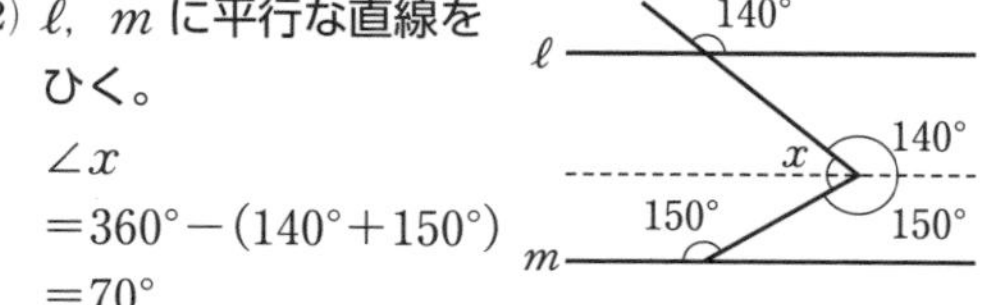

$\angle x$
$=360°-(140°+150°)$
$=70°$

3 先月の公園清掃ボランティアの参加者数を x 人，駅前清掃ボランティアの参加者数を y 人とすると，先月の公園と駅前の参加者数のちがいについて，
$x=y-30$ …… ①
今月の参加者数について，
$1.5x+1.2y=1.3(x+y)$
$15x+12y=13(x+y)$
$15x-13x+12y-13y=0$　　$2x-y=0$
①を代入して，$2(y-30)-y=0$　　$y=60$
①に代入して，$x=60-30=30$

4 (1) 1 分間に入る水の量は，
$60\times(80-30)\times4=12000$ (cm^3)
$y=40$ のとき，
$40=4x$　　$x=10$
$40\leqq y\leqq60$ のとき，水面の高さは 1 分間に
$12000\div(60\times80)=\frac{5}{2}$ (cm) ずつ増加するので，満水になるのは，水を入れ始めてから
$10+20\div\frac{5}{2}=18$ (分後)

(2) $0\leqq y\leqq40$ のとき，すなわち $0\leqq x\leqq10$ のとき，水面の高さは 1 分間に 4 cm ずつ増加するので，$y=4x$
$10\leqq x\leqq18$ のとき，y は x の 1 次関数で，変化の割合は 2.5 なので，グラフはイ

(3) $10\leqq x\leqq18$ のとき，$y=\frac{5}{2}x+b$ とおける。
$x=18$ のとき $y=60$ なので，
$60=\frac{5}{2}\times18+b$　　$b=15$

5 線分 AD の垂直二等分線と，$\angle$C の二等分線の交点をOとすればよい。

6 (1) 点Bは点Aを，原点Oを中心に点対称移動した点である。
点Aの x 座標は 4，y 座標は，$\frac{8}{4}=2$
よって，B$(-4,\ -2)$

(2) $x=4$，$y=2$ を $y=ax^2$ に代入すると，
$2=4^2\times a$　　$a=\frac{1}{8}$

(3)① 線分 CA と y 軸の交点をPとする。

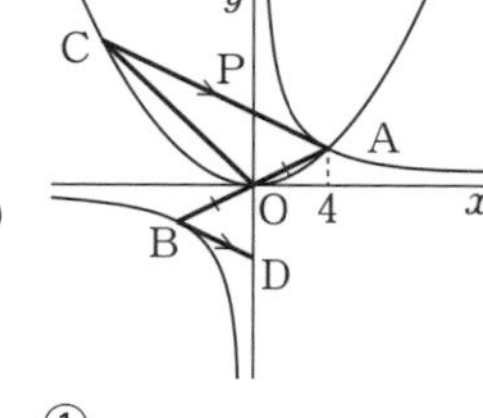

PA // DB より，
PA：DB＝PO：DO
＝AO：BO＝1：1
よって，
△PAO≡△DBO …… ①
したがって，△PAO：△DBO＝1：1
△OAC：△OBD＝3：1 より，
△PCO：△DBO＝(3－1)：1＝2：1
①より PO＝DO なので，底辺を PO としたときの △PCO の高さは，底辺を DO としたときの △DBO の高さの 2 倍となる。よって，
点Cの x 座標は，$-4\times2=-8$ …… ア
関数 $y=\frac{1}{8}x^2$ について，$-8\leqq x\leqq4$ のとき
y の最小値は 0 …… イ
絶対値をみて，y が最大値をとるのは
$x=-8$ のときで，その値は
$\frac{1}{8}\times(-8)^2=8$ …… ウ

② x 軸に関して点A と対称な点を A′ とすると，x 軸上の点 Eについて，

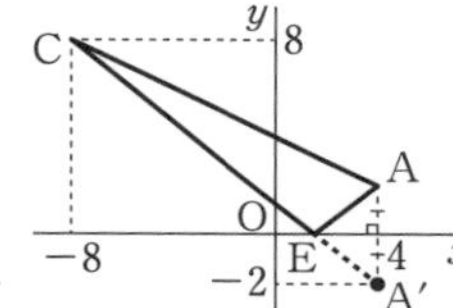

CE＋EA＝CE＋EA′
となる。CE＋EA′ が最短となるのは，
点Eが線分 CA′ 上にあるときである。2 点 C$(-8,\ 8)$，A′$(4,\ -2)$ を結ぶ線分の傾きは，
$\frac{-2-8}{4-(-8)}=-\frac{5}{6}$
線分 CA′ の切片を b とすると，
$-2=-\frac{5}{6}\times4+b$　　$b=\frac{4}{3}$
$y=-\frac{5}{6}x+\frac{4}{3}$ のグラフと x 軸の交点の x 座標を t とすると，
$0=-\frac{5}{6}\times t+\frac{4}{3}$　　$t=\frac{8}{5}$

7 できる三角形は，
△ACD，△ACE，△ACF，△ADE，△ADF，△AEF の 6 通りで，このうち，△DCF と同じ面積の三角形は，
△DCF＝△ACF＝△ACE＝△ADE
のように 3 つある。よって，確率は，$\frac{3}{6}=\frac{1}{2}$

8 (1)① RS＝x m とする。△PQS∽△TRS より，
QS：RS＝PQ：TR

$(3+x):x=4:1$
$4x=3+x \qquad x=1$
② DA // PQ より，
AF：QF＝DA：PQ＝1：4
よって，QA：QF＝(4－1)：4＝3：4
また，CB // PQ より，同様にして，
QB：QE＝3：4 がわかるので，
△QAB∽△QFE
△QAB と △QFE の面積比は
$3^2:4^2=9:16$
四角形 ABEF の面積を S m^2 とすると，
S：△QAB＝(16－9)：9
$S=\frac{7}{9}\triangle \mathrm{QAB}=\frac{7}{9}\times\frac{1}{2}\times 2\times a=\frac{7}{9}a$
(2) AB // FE より，AB：FE＝QA：QF
EF＝b m とすると，2：b＝3：4
$b=\frac{2\times 4}{3}=\frac{8}{3}$